茶艺全书

知茶 泡茶 懂茶

张雪楠 编著

中国纺织出版社有限公司

前 言

　　源远流长的中华五千年灿烂文明，人们最常提到的是四大发明，它们的确对人类文明有着不可替代的贡献。其实，中华民族还有另一大发明，其价值同样不可或缺，那就是茶。

　　茶在我们的生活中，可以说无所不在。有中国人落脚的地方，就会有饮茶的习惯；你可能会在南方小城一条安静的老街中，看见三三两两的老者，悠闲地围坐在一个拳头大小的茶壶旁，人手一杯，边谈边饮。你也可能在大都会繁忙的街道上，看见挂有茶字招牌的茶艺馆，迎面一阵天然的茶香扑鼻而来。

　　茶艺，在当下人们的生活中已经成为了一种时尚，但其实更是传统的回归。

　　茶是中国人日常生活中不可缺少的一部分，是开门七件事中的一件事情，饮茶习惯在中国人身上已有上千年历史。

　　于茶，你可以"一饮涤昏寐，情思爽朗满天地；再饮清我神，忽如飞雨洒轻尘；三饮便得道，何须苦心破烦恼。"更能"洗尽古今人不倦，将至醉后岂堪夸"，在"忙里偷闲、苦中作乐"中享受一点美与和谐，在刹那间体会永久。若真爱茶，喝的就不仅是茶本身，还是一颗心，一片闲情，一种生活。

目录

中篇
品味中国名茶 ·········· 61

下篇
茶艺百科知识 ⸺ 189

上篇

茶艺，升华了的艺术

总会有人问：

什么是茶艺？

最简单的答案是：

茶艺就是把品茶

升华为艺术化的行为。

喝茶也能成为艺术？

是的，

喝茶当然是一门艺术。

茶艺四要

茶艺，是一种综合性的生活艺术，是茶的文化，也是一种人生艺术。"茶"字与"艺"字的有机结合，从字面到含义，都颇为不俗，即使我们可能不清楚其准确含义，但也会觉得优雅动听，这也是"茶艺"二字有生命力的原因。

鉴茶

会喝茶，不等于会鉴赏茶，而会鉴赏茶才能喝到好茶，方能探知其佳妙处。

鉴为饮之首

要想会鉴茶，好好欣赏到茶的全貌，便要学会看、闻、品以及回味。

看

先看茶叶的外形。即观察茶叶的形状，看茶叶是否匀整、多毫。好茶的茶芽细嫩、匀整度好，同时茶叶表面会披满白毫。再看茶汤的色泽，即观察茶汤是否清澈明亮。茶汤的颜色会因为加工过程的不同而有差异，但不论是什么颜色，好茶的茶汤必须清澈，有一定的亮度，且汤色要明亮清晰。品质不好的茶叶，茶汤颜色暗淡、混浊不清。

最后看叶底，即观察冲泡后展开的叶片或叶芽是否细嫩、匀齐、完整，有无花杂、焦斑、红筋、红梗等现象，如果是乌龙茶还要看是否"绿叶红镶边"。

茶事历历

鉴赏茶叶的质量首先看它是否干燥。品质好的茶叶含水量低，如果用手指轻掐一下茶叶就碎，并且手指皮肤有轻微刺痛的感觉，就说明茶叶的干燥度良好。反之，如不易压碎，就说明茶叶已经受潮变软，喝的时候口感较差，茶香也不会浓郁。

茶艺全书：知茶 泡茶 懂茶

闻

干闻

细闻干茶的香味，辨别有无陈味、霉味和吸附了其他的异味。

热闻

热闻是指茶泡开后趁热闻茶的香味。好的茶叶香味纯正，沁人心脾。

冷闻

冷闻是指等温度降低后再闻杯盖或杯底留香，这时可闻到在高温时因茶叶芳香物大量挥发而掩盖了的其他气味。通过冷闻辨别茶叶是非常有效的。

品

品火功

第一品是品火功，即品茶叶加工过程中的火候是老火、足火还是生青，是否有晒味。

品滋味

第二品是品滋味，让茶汤在口腔内流动，与舌根、舌面、舌侧、舌端的味蕾充分接触，看茶味是浓烈、鲜爽、甜爽、醇厚、醇和还是苦涩、淡薄或生涩。

品韵味

清代袁枚曾讲："品茶应含英咀华，并徐徐体贴之。"意思就是将茶汤含在口中，慢慢咀嚼，细细品味，感受茶汤过喉时的爽滑。只有带着对茶的深厚感情去品茶，才能品到好茶的"香、清、甘、活"，以及它妙不可言的韵味。

回味

回味是指品茶后的感觉。品到好茶后，一是舌根回味甘甜，满口生津；二是齿颊回味甘醇，留香时间长；三是喉底回味甘爽，气脉畅通，五腑六脏如得滋润，使人心旷神怡，飘然欲仙。

茶叶用量是关键

在冲泡时究竟投放多少茶，对于品茶来说，茶量的多少是至关重要的，它直接影响了茶汤的品质。茶叶放少了，茶汤会淡得寡然无味；若放多了，又会发苦发涩。因此，要想泡好一杯茶或一壶茶，首先要掌握茶叶用量。每次茶叶用量多少，主要根据茶叶种类、茶具大小以及个人的饮用习惯而定。

时间长短

泡茶用量的多少，关键是掌握茶与水的比例，茶量放得多，浸泡时间要短，茶量放得少，浸泡时间要长。如果水温高，浸泡时间宜短，水温低，浸泡时间要加长。

因茶而异

茶叶种类繁多，茶类不同，用量各异。如冲泡一般红茶、绿茶，茶与水的比例大致掌握在1:50，即每杯放3克左右的干茶，加入沸水150~200毫升。如冲泡普洱茶，每杯放5~10克茶，加入沸水250~500毫升。用茶量最多的是乌龙茶，茶与水的比例为1:22。

因人而异

一般来说，茶、水的比例随茶叶种类及喝茶者个人情况等有所不同。嫩茶、高档茶用量可少一点，粗茶应多放一点。乌龙茶、普洱茶等的用量也应多一点。对嗜茶者，一般红茶、绿茶的茶、水比例为1:50至1:80，即茶叶若放3克，沸水应冲150~240毫升；对于一般饮茶的人，茶与水的比例可为1:80至1:100。乌龙茶茶叶用量应增加，茶、水比例以1:30为宜。家庭中常用的白瓷杯，每杯可投茶叶3克，冲开水250毫升；一般的玻璃杯，每杯可投放茶2克，冲开水150毫升。

茶艺全书：知茶 泡茶 懂茶

因茶龄而异

　　茶叶用量还同消费者的年龄结构与饮茶历史有关。中、老年人往往饮茶年限长，喜喝较浓的茶，故用量较多；年轻人饮茶年限短，普遍喜爱较淡的茶，故用量宜少。

　　泡茶用量的多少，关键是掌握茶与水的比例，茶多水少，则味浓；茶少水多，则味淡。

　　有人曾做过这样一个试验：取4只茶杯，各等量放入3克相同的茶叶，再分别倒入沸水50毫升、100毫升、150毫升和200毫升。5分钟后审评茶汤滋味，结果是，加水50毫升的滋味极浓，加水100毫升的滋味太浓，加水150毫升的滋味正常，加水200毫升的滋味较淡。

因地而异

　　不同地方的人，口味不同，甚至同一地方的人，对不同的茶也有着不同的口味爱好。

　　比如西藏、新疆、内蒙古等少数民族地区，以肉食为主，当地又缺少蔬菜，因此茶叶成为生理上的必需品，他们普遍喜饮浓茶，故每次茶叶用量较多；江浙及邻近省份的人，多选用龙井茶或高级绿茶，一般用较小的瓷杯或玻璃杯，每次用量不多；而南方云贵、广东和福建人士，多选用半发酵的高级包种茶、武夷茶或普洱茶等，茶具虽小，但用茶量较多。

　　刚开始喝茶的人，不妨多试几种用量，找到自己最中意的那一款，然后作为标准固定下来。

评茶常用语

茶叶形状（外形）评语

细嫩	条索细紧显毫
细紧	条索细长卷紧而完整
紧秀	鲜叶嫩度好，条细而紧且秀长，锋苗毕露
紧结	嫩度低于细紧，结实有锋苗，身骨重
紧实	紧结重实，嫩度稍差，少锋苗
粗实	原料较老，已无嫩感，多为三四叶制成，但揉捻充足尚能卷紧，条索粗大，稍感轻飘
粗松	原料粗老，叶质老硬，不易卷紧，条空散，孔隙大，表面粗糙，身骨轻飘，或称"粗老"
壮结	条索壮大而紧结
壮实	芽壮，茎粗，条索卷紧、饱满而结实
心芽	尚未发育开展成茎叶的嫩尖，一般茸毛多而成白色
显毫	芽叶上的白色茸毛称"白毫"，芽尖多而茸毛浓密者称"显毫"；毫有金黄、银白、灰白等色
身骨	指叶质老嫩，叶肉厚薄，茶身轻重。一般芽叶嫩、叶肉厚、茶身重的为身骨好
重实	指条索或颗粒紧结，以手权衡有重实感。一般是叶厚质嫩的茶叶
匀齐	指茶叶形状、大小、粗细、长短、轻重相近
光滑	形状平整，质地重实，光滑发亮末 指茶叶被压碎后形成的粉末
扁平	扁直平坦
片状	茶叶平摊不卷，身骨轻，呈片状
粗糙	外形大小不匀，不整齐
脱档	茶叶拼配不当，形状粗细不整。上、中、下三段茶配不当
团块、圆块、圆头	指茶叶条形结成块状或圆块，粒大如豆
短碎	面长条短，碎末茶多，缺乏整齐匀称之感
露筋	叶柄及叶脉因揉捻不当，叶肉脱落，丝筋显露
黄头	粗老叶经揉捻成块状，嫩度差，色泽露黄如圆头茶
松碎	外形松而断碎
缺口	茶叶精制切断不当，茶条两端的断口粗糙而不光滑

茶叶色泽用语

墨绿	深绿泛黑而匀称光滑
绿润	色绿而鲜活，富有光泽
灰绿	绿中带灰
铁锈色	深红而暗，无光泽
青绿	绿中带青，光泽稍差
砂绿	如蛙皮绿而油润，优质青茶类的色泽
青褐	褐中泛青
乌润	色黑而光泽好
猪肝色	红而带暗，似猪肝的颜色
棕红	棕色带红，叶质较老
蛤蟆背色	叶背起蛙皮状砂粒白点
枯暗	叶质老，色泽枯燥且暗无光泽
花杂	指叶色不一，老嫩不一，色泽杂乱

茶汤颜色评语

艳绿	水色翠绿微黄，清澈鲜艳，亮丽显油光，为质优绿茶的汤色
绿黄	绿中显黄的汤色
黄绿（蜜绿）	黄中带绿的汤色
浅黄	汤色黄而淡，亦称浅黄色
金黄	汤色以黄为主，稍带橙黄色，清澈亮丽，犹如黄金之色泽
橙黄	汤色黄中带微红，似成熟甜橙之色泽
橙红	汤色红中带黄似成熟桶柑之色泽
红汤	汤色发红，失去绿茶应有的颜色
凝乳	茶汤冷却后出现浅褐色或橙色乳状的浑汤现象，品质好滋味浓烈的红茶常有此现象

茶汤滋味评语

浓烈	味浓不苦，收敛性强，回味甘爽
鲜爽	鲜活爽口
鲜浓	口味浓厚而鲜爽
甜爽	滋味清爽，带有甜味
回甘	茶汤入口后回味有甜感
醇厚	茶汤鲜醇可口，回味略甜，有刺激性
醇和	滋味欠浓，鲜味不足，无粗杂味
淡薄	滋味正常，但清淡，浓稠感不足
粗淡	味粗而淡薄
粗涩	原料粗老而涩口
生涩	涩味且带生青味
苦涩	苦味涩味强劲，茶汤入口，味觉有麻木感

茶艺全书：知茶 泡茶 懂茶

茶叶香气评语

清香	清纯柔和，香气欠高，但很幽雅
幽香	茶香优雅而文气，缓慢而持久
清高	清香高爽，柔和持久
松烟香	茶叶吸收松柴熏焙的气味，为黑毛茶和烟小种的传统香气
馥郁	香气鲜浓而持久，具有特殊花果的香味
青气	带有鲜叶的青草气
高火	茶叶加温过程中温度高、时间长，干度十足所产生的火香
甜香	香气高而具有甜感，似足火甜香
纯正	香气纯净而不高不低，无异杂味
花香	香气鲜锐，似鲜花香气
浓香	香气饱满，无鲜爽的特点，或指花茶的耐泡率
鲜嫩	具有新鲜悦鼻的嫩香气
闷气	一种不愉快的熟闷气
异气	感染了与茶叶无关的各种气味

选水

水之于茶，犹如水之于鱼一样，"鱼得水活跃，茶得水更有其香、有其色、有其味"，所以自古以来，茶人对水津津乐道，爱水入迷。

古人论水

古人对泡茶用水有诸多讲究，《茶经》中指出："其水，用山水上，江水中，井水下"。宋徽宗在《大观茶论》中提出：宜茶水品"以清轻甘洁为美"。明人许次纾在《茶疏》中说："精茗蕴香，借水而发，无水不可与论茶也。"下面就来了解一些古人泡茶经常选的水源。

雪水和雨水

雪水和天落水古人称之为"天泉"，尤其是雪水更为古人所推崇。唐代白居易的"扫雪煎香茗"，宋代辛弃疾的"细写茶经煮茶雪"，元代谢宗可的"夜扫寒英煮绿尘"，清代曹雪芹的"扫将新雪及时烹"，都是赞美用雪水沏茶的。至于雨水，一般说来只要空气不被污染，与江、河、湖水相比总是相对洁净，是沏茶的好水。

山泉水

山泉水大多出自岩石重叠的山峦。山上植被繁茂，从山岩断层细流汇集而成的山泉，富含二氧化碳和各种对人体有益的微量元素；而经过砂石过滤的泉水，水质清净晶莹，含氯、铁等化合物极少，用这种泉水泡茶，能使茶的色香味形得到最大发挥。

江水

江、河、湖水属于地表水，含杂质较多，混浊度较高，一般说来，沏茶难以取得较好的效果，但在远离人烟，又是植被生长繁茂之地，污染物较少，这样的江、河、湖水，仍不失为沏茶好水。如浙江桐庐的富春江水、淳安的千岛湖水、绍兴的鉴湖水就是例证。《茶经》中就有描述："其江水，取去人远者。"

茶艺全书：知茶 泡茶 懂茶

井水

井水属于地下水，悬浮物含量少，透明度较高。但它又多为浅层地下水，特别是城市井水，易受周围环境污染，用来沦茶，有损茶味。所以，若能汲得活水井的水沦茶，同样也能泡得一杯好茶。《茶经》中说的"井取汲多者"，明代陆树声《煎茶七类》中讲的"井取多汲者，汲多则水活"，说的就是这个意思。

现代人的泡茶用水

生活在现代化的大都市中，即使知道用泉水泡茶好，也不能专门跑大老远去取泉水。因此矿泉水、纯净水以及家里的自来水就成了现代人泡茶的主要用水。

矿泉水

在家泡茶使用矿泉水是不错的选择，矿泉水泡茶没有涩味，且茶味纯正鲜美。由于矿泉水中含有钙、镁、重碳酸根离子等微量元素，与茶叶中的氨基酸发生一定的作用，会使茶色变深，这是正常现象，不影响口味和口感，且茶中所含对人体有益的微量元素不会改变。有条件的话也可以用离子交换器除去矿泉水中的钙离子和镁离子，泡茶的效果更好。

纯净水

纯净水酸碱度中性。用这种水泡茶，不仅因为净度好、透明度高、沦出的茶汤晶莹透澈，而且香气滋味纯正、无异杂味、鲜醇爽口。市面上纯净水品牌很多，大多数都宜泡茶。

自来水

自来水含有用来消毒的氯气等，在水管中滞留较久的，还含有较多的铁。当水中的铁离子含量超过万分之五时，会使茶汤呈褐色，而氯化物与茶中的多酚类作用，又会使茶汤表面形成一层"锈油"，喝起来有苦涩味。对付自来水中的异味，可将自来水放一晚上，等氯气自然发散，再用来煮，效果就大不一样了。或者在煮水时待水沸腾以后多煮几分钟，也能使异味减小。

用器

喝茶图的是好心情，茶具也就应该赏心悦目。学习茶艺，不仅要会选好茶、泡好茶，还要会选配好的茶具。

把杯玩盏看古今

任何古老的，都曾经是流行的；任何流行的都会成为古老的。茶具也是如此。

茶具发展史

茶具的产生和发展是和茶叶生产、饮茶习惯的发展和演变密切相关的。早期茶具多为陶制。陶器的出现距今已有12000年的历史。由于早期社会物质极其匮乏，因此茶具是一具多用的。

直到魏晋以后，清谈之风渐盛，饮茶也被作为高雅的精神享受和表达志向的手段，正是在这种情形下，茶具才从其他生活用具中独立出来。考古资料显示最早的专用茶具是盏托。到南朝时，盏托已被普遍使用。

唐代，茶的生产进一步扩大，饮茶风尚也从南方推广到北方。此时瓷业出现"南青北白"的局面，越窑青瓷代表了当时青瓷的最高水平。越窑除了具备釉色，造型也优美精巧。

宋代的陶瓷工艺进入黄金时代，最为著名的有汝、官、哥、定、钧五大名窑。因此，宋代茶具也独具特色。在宋代，茶除供饮用外，更成为民间玩耍娱乐的工具之一。嗜茶者每相聚，斗试茶艺，称"斗茶"。因此，茶具也有了相应变化。斗茶者为显出茶色的鲜白，对黑釉盏特别喜爱，其中建窑出产的兔毫盏更被视为珍品。

到元代，散茶逐渐取代团茶的地位。此时绿茶的制造只经适当揉捻，不用捣碎碾磨，保存了茶的色、香、味。及至明朝，叶茶全面发展，在蒸青绿茶基础上又发明了晒青绿茶及炒青绿茶。茶具亦因制茶、饮茶方法的改进而发展，出现了一种鼓腹、有管状流和把手或提梁的茶壶。

值得一提的是，明代紫砂壶具应运而生，并一跃成为"茶具之首"，大概是因其造型古朴别致，经长年使用光泽如古玉，又能留得茶香，夏茶汤不易馊，冬茶汤不易凉。最令人爱不释手的是壶上的字画，最有名的是清嘉庆年间著名的金石家、书画家、清代八大家之一的陈曼生，把我国传统绘画、书法、金石篆刻等艺术相融合于茶具上，创制了"曼生十八式"，成为茶具史上的佳话。

清代，我国六大茶类即绿茶、红茶、白茶、黄茶、乌龙茶及黑茶都开始建立各自的地位。宜兴的紫砂壶、景德镇的五彩、珐琅彩及粉彩瓷茶具的烧制迅速发展，在造型及装饰技巧上，也达到了精妙的艺术境界。清代除沿用茶壶、茶杯外，常使用盖碗，茶具登堂入室，成为一种雅玩，其文化品味大大提高。这时茶具已和酒具彻底分开。

到今天，我国的茶具已是品种纷繁，琳琅满目。

精致茶具助茶韵

选择茶具的标准，是当你想喝茶的时候，看到茶具都能增添你的兴致，把玩茶具都能给你带来乐趣。

一茶一盏总相宜

不同的茶类，对茶具的要求各不相同。不同种类的茶配上特别的茶具，才能酝酿出其品质特色，让品茶之人领略到其独有的风韵。通俗点说，就是合适的器具可以让你的茶各归各位。

比如绿茶，可用瓷器茶杯或玻璃杯冲泡。茉莉花茶，可采用盖碗茶的形式冲泡饮用。高档红茶，可放入到装饰艳丽的茶具中冲泡。红碎茶，宜用玻璃杯冲泡，使红艳的茶汤更加诱人；也可以用茶壶冲泡后用咖啡杯饮用，饮用时可随意加糖或奶，类似饮用咖啡，别有一番"洋"味。乌龙茶，宜用紫砂茶具冲泡后，用小茶杯饮用；也可选用暖色瓷茶具冲泡，以沸水冲泡后加盖，可保留浓郁的茶香。

围绕着茶的取用、茶的冲泡、茶水的盛放以及品饮等，有着五花八门的茶具。比如一套正规的功夫茶具，需要十多件不同的器物，它们包括茶罐、茶壶、茶盘、茶海、品茗杯、闻香杯、杯托、茶匙、茶荷、茶针、公道杯、茶巾等，这些物件都是小而精巧的。

选择自己中意的茶具

对于天天要沏茶品饮的人来说，茶具在别人眼里是好是差并不重要，自己舒适比什么都强。因此选择茶具时以自己中意为主，不必过于讲究看重价格。但若是作为收藏品，就另当别论了。

茶艺全书：知茶 泡茶 懂茶

茶罐

无论多名贵的茶叶，一旦跑味，身价就一落千丈。因此对经常喝茶的人来说，茶罐就显得至关重要了。

用途

用来存放茶叶的容器。

材质

茶罐的质地与形式多种多样，常见的有陶罐、瓷罐、铁罐、纸罐、塑料罐、搪瓷罐以及锡罐。

使用

1.可根据不同的茶叶选择不同材质的茶罐，比如存放铁观音或茉莉花茶等香味重的茶宜选用锡罐、瓷罐等不吸味的茶罐，而存放普洱则最好选用透气性好的纸、陶等质地的茶罐。

2.购买多种茶类时，应该分别用不同的茶叶罐装置。可在茶罐上贴张纸条，上面写明茶名、购买日期等，这样方便使用。

注意事项

1.不要将茶罐放于厨房，不要放在阳光直射、有异味、潮湿、有热源的地方，也不要和衣物等放在一起，最好是放在阴暗干爽的地方。

2.新买的罐子，或原先存放过其他物品留有气味的罐子，可先用少许茶末置于罐内，盖上盖子，上下左右摇晃轻擦罐壁后倒弃，以去除异味。

随手泡

天气凉，喝茶似乎有些麻烦，还没等喝尽兴，水已经冷了，茶也没了滋味……这已经是过去的事情了。现在有了使用很方便的煮水器——随手泡，操作简单、方便并且煮水快，喝茶人可随喝随泡。

用途

随手泡是现代泡茶最常用的烧水用具。绝大多数茶要用沸水来泡，万万不能用饮水机或电热水壶代替。

材质

现代泡茶用壶有不锈钢、铁、陶、耐高温的玻璃等质地，热源则有电热炉、电磁炉、酒精加热炉、炭炉等。

使用

1. 新壶尤其是陶壶和铁壶买回后，应加水煮开，最好在水中放些茶叶，以除去新壶中的土味及其他异味。
2. 铁壶可以和电磁炉搭配使用。

注意事项

当在野外泡茶用电烧水不方便时，可考虑生炭火，用陶壶或者铁壶煮水即可。

茶壶

称茶壶为茶具之王，一点也不为过。因为在茶具中最重要也最显赫的便是它了。

用途

茶壶是茶具的一个重要组成部分，主要用来泡茶，也有直接用小茶壶来泡茶和盛茶、独自酌饮的。

材质

茶壶的种类有陶壶、瓷壶、玻璃壶、石壶及铁壶等。其中紫砂壶最受欢迎，能完美保留茶的色香味，多用于冲泡乌龙茶；瓷壶多用于简单一点的待客，适用于所有茶类；玻璃壶透明，最宜花茶。通常情况下，紫砂壶的容量较小，适宜功夫茶的细品；另外几种容量较大，适宜日常待客。

使用

1. 无论选择哪种茶壶，都要注意选用大小、重量合手的。

2. 标准的持壶动作：拇指和中指捏住壶柄，向上用力提壶，食指轻搭在壶纽上，不要按住气孔，无名指向前抵住壶柄，小指收好。

3. 双手持壶动作：即一手的中指和食指抵住壶纽，另一手的拇指、食指、中指握住壶柄，双手配合。对于新手来说，可采用这种方法。

注意事项

1. 无论哪种持壶方式都要注意，不要按住壶纽顶上的气孔。

2. 在泡茶过程中，壶的出水嘴不要直接对着客人。

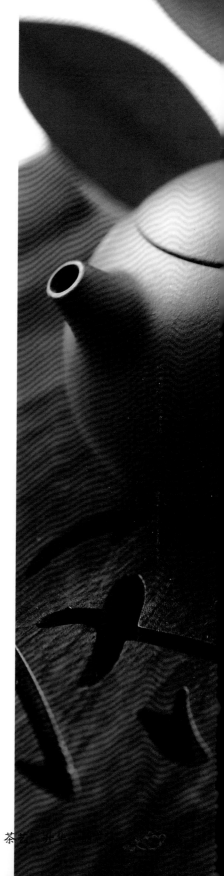

茶杯

如果要给茶具按重要性排个名次，除了茶壶，就该轮到茶杯了。它不仅是不可或缺的茶具之一，更赋予品茗时的美感与趣味。

用途

茶杯是盛茶水的用具，泡茶过程中所使用的小茶杯也叫品茗杯，用来品饮茶汤。

材质

茶杯有瓷、陶、紫砂、玻璃等质地，款式有斗笠形、半圆形、碗形等，其中以碗形的最为常见。

瓷质茶杯中，以江西景德镇瓷茶杯泡茶最好。景德镇是我国著名的瓷器之乡，所产的各种茶具，具有"白如玉、薄如纸、明如镜、声如磬"的特点，因而为世界所称誉。景德镇瓷茶具，花色品种较多，有技艺高超、制作精细、造型秀丽的高级茶具，也有造型一般、美观大方的大众化茶具，用它冲泡出来的茶汤，有香高、汤清、味醇的特点，别有一番风味。

使用

1.品茶时，用拇指和食指捏住杯身，中指托杯底，无名指和小指收好，持杯品茶。

2.有的茶杯是杯和杯托搭配使用，有的只有一个单杯。

3.外翻形的杯口比直桶形的杯口容易拿取，而且不烫手。

注意事项

喝不同的茶用不同的茶杯。比如为便于欣赏普洱茶茶汤颜色，最好选用杯子内面是白色或浅色的茶杯。根据茶壶的形状、色泽，选择适当的茶杯，搭配起来也颇具美感。

盖碗

　　盖碗包括盖、碗、托三部分，象征天、地、人，是中国文化天人合一的精髓展示。茶人们认为茶是天涵之、地载之、人育之的灵物，将茶拨入盖碗喻意三才合一，共同化育出茶的精华。

用途

　　用来冲泡茶叶。使用时既可用来泡茶后分饮，作为泡茶器具，也可一人一套，当作茶杯直接饮茶。

材质

　　盖碗有瓷、紫砂、玻璃等质地，其中以各种花色的瓷盖碗最为常见。

使用

　　1.温盖碗：左手持杯身中下部，右手按住杯盖，逆时针方向将杯旋转一周。再掀开杯盖，让温杯的水顺着杯盖流入水盂或茶盘，同时右手转动杯盖温烫。

　　2.用盖碗品茶时男女有别。女士品饮是双手拿盖碗，左手托底，右手扶盖。男士则是单手持盖碗，右手大拇指和中指握住碗口，食指按住杯盖，直接饮用。

　　3.饮用时，先用盖撩拨漂浮在茶汤中的茶叶，再饮用。

注意事项

　　1.选择盖碗时应注意盖碗杯口的外翻，外翻弧度越大越容易拿取，冲泡时不易烫手。

　　2.一般冲泡花茶时使用盖碗比较多，绿茶、乌龙茶也可用盖碗冲泡。

茶盘

茶具的世界里，除了茶壶、茶杯之外，最普及也最有代表性的茶艺用具，大概就是茶盘了。

用途

茶盘就是放置茶壶、茶杯、茶道组、茶宠乃至茶食的浅底器皿，盛接泡茶过程中流出或倒掉的茶水。

样式和材质

茶盘式样可大可小，形状可方可圆或者扇形；可以是夹层也可以是单层，夹层用以盛废水，可以是抽屉式的，也可以是嵌入式；单层以一根塑料管连接，排出盘面废水，但茶桌下仍需要一桶相承。茶盘选材广泛，金、木、竹、陶皆可取。以金属茶盘最为简便耐用，以竹制茶盘最为清雅相宜。此外还有檀木的茶盘，例如绿檀、黑檀茶盘等。

使用

1.单层茶盘使用时，需在茶盘下角的金属管上，连接一根塑料管，塑料管的另一端则放在废茶桶里，排出盘面废水。

2.夹层茶盘也叫双层茶盘，上层有带孔、格的排水结构，下层有贮水器，泡茶的废水存放至此。但因为茶盘的容积有限，使用时要及时清理，以免废水溢出。

注意事项

1.端茶盘时一定要将盘上的壶、杯拿下，以免失手打破放在上面的心爱茶具。

2.木质、竹制的茶盘使用完毕后不要直接用水洗，用干布擦拭即可。

茶艺全书：知茶 泡茶 懂茶

茶盘及周围茶具规范摆放示意图

茶盘置于茶桌上，如果是规则茶桌，茶盘放在靠近泡茶者的正中心位置，品茶者坐于对面，然后是两侧；不规则的茶桌，茶盘只需正对泡茶者即可。

茶罐放于茶盘左侧靠前的位置

品茗杯在靠近客人的一侧呈一字或呈品字排开

茶道六用放在茶盘右侧桌面上

茶壶（或盖碗）在茶盘中间靠右的位置

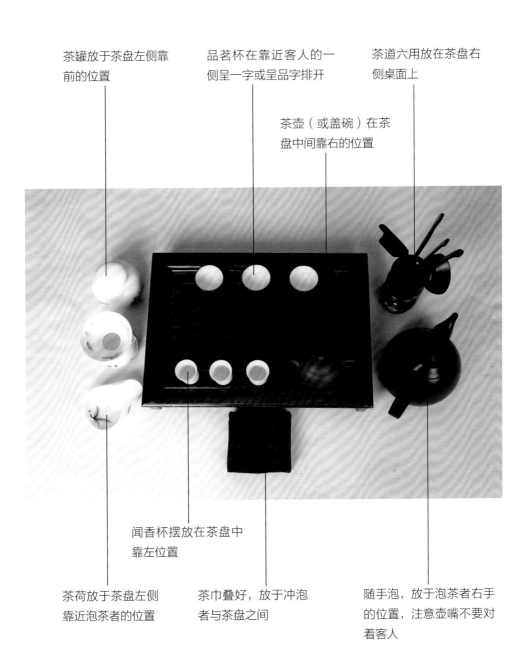

闻香杯摆放在茶盘中靠左位置

茶荷放于茶盘左侧靠近泡茶者的位置

茶巾叠好，放于冲泡者与茶盘之间

随手泡，放于泡茶者右手的位置，注意壶嘴不要对着客人

公道杯

也称茶海、茶盅。用公道杯分茶，每只茶杯分到的茶水一样多，以示一视同仁。

用途

用来盛放茶汤，再把茶汤分倒各品茗杯中，使茶汤浓度相近、滋味一致，并起到沉淀茶渣的作用。

材质

常用的公道杯有瓷、紫砂、玻璃质地，其中瓷、玻璃质地的公道杯最为常用。有些公道杯有茶柄，有些则没有，还有带过滤网的公道杯，但大多数的公道杯都不带过滤网。

使用

1.泡茶时，为了避免茶叶长时间浸在水里，致使茶汤太苦太浓，应将泡好的茶汤马上倒入公道杯内，随时分饮，从而保证正常的冲泡次数所冲泡的茶汤滋味大体一致。

2.公道杯容量大小应与茶壶或盖碗相配，一般来说，公道杯应该稍大于壶和盖碗。

茶艺全书：知茶 泡茶 懂茶

茶荷

茶艺表演中经常用来欣赏干茶，观赏性很高。

用途

用来盛放待泡干茶的器皿，供欣赏干茶并投入茶壶之用。茶荷的功用与茶则、茶漏类似，但茶荷更兼具赏茶功能。

材质

有瓷质、竹质、木质以及石质等。形状多为有引口的半球形，既实用又可当艺术品，一举两得。

使用

1.标准拿茶荷姿势：拇指和其余四指分别捏住茶荷两侧部位，将茶荷放在虎口处，另外一手托住底部，请客人赏茶。

2.可将没有异味的小拖碟或者小容器当茶荷使用。

注意事项

1.取茶叶时，手不能与茶荷的缺口部位直接接触。

2.泡茶时，茶荷应摆放在茶盘旁边的茶桌上，不可直接摆放在茶盘上。

茶道六用

也称茶道具、茶道六君子，以茶筒归拢的茶夹、茶漏、茶匙、茶则、茶针六件泡茶工具的合称。

材质

通常以竹、木等制作。茶筒造型有直筒形、方形、瓶形等样式。

使用

茶道六用是泡茶时的辅助用具，为整个泡茶过程雅观、讲究提供方便。

选择茶道六用时可凭个人喜好，瓶形的茶筒雅致、方形的古朴大方，最好能和其他茶具相映成趣，也增添了泡茶时的雅趣。

注意事项

取放茶道六用时，不可手持或触摸到用具接触茶的部位。

茶则：从茶罐中量取干茶。

茶匙：从茶则或茶罐中拨取茶叶。

茶针：用来疏通壶嘴的堵塞物。

茶漏：放在壶口，放茶叶时扩大壶口面积防止茶叶外溅。

茶夹：温杯以及需要时夹取品茗杯和闻香杯。

茶筒：盛放茶夹、茶漏、茶匙、茶则、茶针。

茶艺全书：知茶 泡茶 懂茶

过滤网

又名滤网，别看它小，在泡茶中发挥的作用可一点也不小。

用途

泡茶时放在公道杯口，用来过滤茶渣。

材质

现在的过滤网以不锈钢的为主，还有瓷、陶、竹、木等质地；过滤网壁由不锈钢细网、棉线网、纤维网罩等网面组成。

使用

1.有些过滤网有柄，泡茶时要注意与公道杯的茶柄平行。

2.泡茶后，用过的过滤网应及时清洗。

滤网架

滤网架本来的作用只是摆放过滤网，但现在被做成了各种各样的形状，材质也五花八门，观赏性很强。

用途

用来放置过滤网。

材质

有瓷、不锈钢、玻璃等质地。滤网架的款式品种繁多，有漏斗状、动物形状、人手形状等不同形态，摆放在茶桌上有装饰效果。

使用

铁质的滤网架容易生锈，最好选择瓷、不锈钢质地的滤网架。

茶巾

在爱茶人或者茶艺师手里，茶巾已不仅是一种道具了，每一次的揩抹，都像是习惯性的对茶具的抚摩和爱护，而不只是为了洁净。

用途

泡茶过程中的清洁用具。用来擦拭泡茶过程中茶具上的水渍、茶渍，尤其是茶壶、品茗杯等的侧部、底部的水渍和茶渍。

材质

主要有棉、麻等质地。泡茶时手边随时使用的方巾，一般不超过手帕大小，质地多是针织全棉，吸水性强。

使用

1.置于茶盘与泡茶者间之案上。

2.在喝功夫茶时，需用茶巾频频揩抹茶壶，以免壶身或者壶底的水滴入杯中。

注意事项

1.茶巾只能擦拭茶具，而且是擦拭茶具饮茶、出茶汤以外的部位，不能用来清理泡茶桌上的水、污渍、果皮等物。

2.茶巾新沾上的茶渍，如果立即清洗，用热水洗涤便可除去。如果是旧茶渍，可用盐水浸洗。

闻香杯

闻香杯中茶香的味散发慢，可以让品饮者尽情地去玩赏品味。

用途

用来嗅闻杯底留香的器具，比品茗杯细长，是乌龙茶特有的茶具，多用于冲泡高香的乌龙茶时使用。

材质

以瓷器质地的为主，也有内施白釉的紫砂、陶制的闻香杯。与品茗杯配套，质地相同，加一茶托则为一套闻香组杯。

使用

1.闻香：将闻香杯的茶汤倒入品茗杯后，双手持闻香杯闻香，或双手搓动闻香杯闻香。

2.闻香杯通常与品茗杯、杯托一起使用，几乎不单独使用。但有的茶具店会把单件的闻香杯放在茶桌上，起装饰效果。

杯托

用途

又名杯垫，用来放置品茗杯、闻香杯，以防杯里或底部的水溅湿桌子。还可以预防杯具磨损。

材质

杯托种类很多，主要有瓷、紫砂、陶等质地，也有木、竹等质地。

使用

杯托可与品茗杯配套使用，也可随意搭配。

注意事项

使用后的杯托要及时清洗，如果使用木制或者竹制的杯托，还应通风晾干。

盖置

用途

又名盖托，是用来放置壶盖的器具。

种类

盖置款式多种多样，有紫砂木桩、小莲花台、瓷制小盘等造型。

使用

可以避免壶盖直接与茶桌接触，减少壶盖磨损。

注意事项

盖置使用过后应立即洗净，否则容易留下明显的茶渍。

壶承

用途

又名壶托，专门放置茶壶的器具。可以承接壶里溅出的水，让茶桌保持干净。

材质

壶承有紫砂、陶、瓷等材质，与相同材质的壶配套使用，也可随意组合。壶承有单层和双层两种，多数为圆形或增加了一些装饰变化的圆形。

使用

将紫砂壶放在壶承上时，最好在壶承的上面放个布垫，彼此不会磨坏。

养壶笔

用途

养壶笔形似毛笔，和紫砂壶配套使用，用来刷洗紫砂壶的外壁。

材质

笔头是由动物的毛制成的，笔杆用木、竹、牛角等材质制成。

使用

用养壶笔将茶汤均匀地刷在壶的外壁，使壶任何一个面都能接受到茶汤的亲密"洗礼"，可让壶的外壁变得油润、光亮。现在很多人也常用养壶笔来养护茶桌上的茶玩。

注意事项

养壶笔用完后要及时清洗，并将笔头控干。

水盂

用途

又名茶盂、废水盂。用来贮放泡茶过程中的废水、茶渣。功用相当于废水桶、茶盘。

材质

水盂有瓷、陶等质地。

使用

如果没有茶盘和废水桶，使用水盂来承接废水和茶渣，简单又方便。

注意事项

水盂容积小，因此使用时要及时清理废水。

普洱刀

用途

又名茶刀。用来撬取紧压茶的茶叶，在冲泡普洱茶等紧压茶时最常用到，是冲泡紧压茶时的专用器具。

材质

普洱刀有不锈钢、牛角、骨等材质。

使用

先将普洱刀横插进茶饼中，用力慢慢向上撬起，并用拇指按住撬起的茶叶取茶。

注意事项

1. 普洱刀最好选择刀锋不那么锋利的，可以减少弄碎紧压茶条索。

2. 紧压茶一般较紧，撬取茶叶时要小心，以免普洱刀伤到手。

茶艺全书：知茶 泡茶 懂茶

茶玩

用途

茶玩又名茶趣、茶宠，就是为了给泡茶增添乐趣，用来装点和美化茶桌，是很多爱茶人士的爱物。

材质

茶玩多数以紫砂陶制作。造型千姿百态，有动物的如小猪、小狗、兔子，也有人物的如弥勒佛、童子等。

使用

在泡茶、品茶时，和茶桌上的茶玩一起"分享"甘醇的茶汤，别有一番情趣。

茶人的紫砂情缘

相信不少人会有这样的疑问：紫砂壶到底具备什么样的魅力，能够自明迄今，不论朝代更迭或是社会变迁，它都能在这个好茶的民族中独领风骚？

壶中的乾坤

壶衬茶，茶养壶

紫砂壶嘴小、盖严，壶的内壁较粗糙，能有效地防止香气过早散失。长久使用的紫砂茶壶，内壁挂上一层棕红色茶锈，使用时间越长，茶锈积在内壁上越多，故冲泡茶叶后茶汤越加醇郁芳馨。长期使用的紫砂茶壶，即使不放茶，只倒入开水，仍茶香诱人，这是一般茶具所做不到的。

紫砂壶不仅可以蕴茶香，反过来，茶汤又可以养壶，经过长时间的使用，紫砂壶不断吸收茶汁，泡出来的茶会越来越香，紫砂壶本身的色泽也会越来越润泽光亮。所以，对于上品的紫砂壶，最好只冲泡同一种或同一类的茶，不同类的茶味混合，反而不美。

透气性好

紫砂壶里外都不施釉，保持微小的气孔，透气性能好，但不透水，并具有较强的吸附力。它能保持茶叶中芳香油遇热挥发而形成的馨香，起到收敛和杀菌作用，故能稍微延缓茶水的霉败变馊。所谓"盛暑越宿不馊"，道理就在这里。

保温时间长

紫砂壶泡茶，保温时间长。由于壶壁内部存在着许多小气孔，气孔里又充满着不流动的空气，而空气是热的不良导体，故紫砂壶有较好的保温性能。

茶艺全书：知茶 泡茶 懂茶

不烫手，耐使用

紫砂茶壶适应冷热急变的能力极佳，即使在上百度的高温中蒸煮后，迅速投到零下的冰水中，也不易爆裂。因此，用紫砂壶泡茶，提携抚握不易炙手；寒冬腊月，用沸水泡茶，也不必担心会裂开。

可赏可用，文采斑斓

紫砂泥色多彩，且多不上釉，透过历代艺人的巧手妙思，便能变幻出种种缤纷斑斓的色泽、纹饰来，加深了它的艺术性。

紫砂泥的可塑性高，虽不利于灌浆成型，但其成型技法变化万千，不像手拉坯等轮转成型法，只限于同心圆范围，所以紫砂器在造型上的品种之多，堪称举世第一。

紫砂茶具通过茶与文人雅士结缘，吸引了许多画家、诗人题诗、作画，寓情写意，使得紫砂茶具的艺术性与人文性，得到进一步提升。

随着实用价值与艺术价值的兼备，自然也提高了紫砂壶的经济价值，使得制陶人能更致力于创新。

选购一把称心的紫砂壶

紫砂壶既是一种功能性的实用品，又是可以把玩、欣赏的艺术品。一把好的紫砂壶应在实用性、工艺性和艺术性三方面获得极高的肯定。在选购紫砂壶时，不妨就以下几点加以斟酌：

实用性

实用功能是指其容量，壶把便于端拿，壶嘴出水的流畅，让品茗沏茶得心应手。不论哪种款式的紫砂壶，其嘴、把、盖都要配置和谐、匀称舒展。盖口要紧密通转，平正妥贴。

检验的方法是用手指沿盖子的边缘轻击，发出磕碰声的就是盖或口不够平正；抓牢壶把旋转壶盖，看看能否通转，如果感到时紧时松，说明把口或盖口不圆。

此外，要检查盖子上的通气孔是否通畅，嘴管内的通水网眼是否堵塞，放在桌子上看是否平稳。把壶身托于掌心，用壶纽轻敲壶身，听听声音是否清脆。如发哑声，恐有暗伤。用手掌抚摸全壶，触觉是否舒服。

工艺性

一把好壶除了壶的流、把、纽、盖、肩、腹、圈足应与壶身整体比例协调，点、线、面的过渡转折也应清晰与流畅。还须审视其"泥、形、款、功"四方面的水准。

上乘的紫砂泥应具有"色不艳、质不腻"的显著特性。所以，选购紫砂壶应就紫砂泥的品质加以考察。

艺术性

紫砂壶的艺术是一种"源于生活，高于生活"的艺术。一把好的紫砂壶，除了讲究器形的完美与制作技术的精湛，还要审视纹样、装饰的取材以及制作的手法。一件较完美的作品，必须能达到形、神、气、态兼备，才能使作品生动，显示出强烈的艺术感染力。

茶艺全书：知茶 泡茶 懂茶

紫砂壶的养护

紫砂壶的透气性和发茶性决定了它比瓷壶或其他壶更需要精心的养护。

新壶的养护

一把新壶使用之前，应先用旧砂布将茶壶外表通身仔细打磨一遍。如果没有旧砂布，可将新砂布自相磨擦，使锋头减退后再磨壶身。但打磨只能适可而止，不可过分，以免损伤壶面。然后洗净内外的泥粉砂屑，用开水烫过，便可泡茶使用了。新壶注满热茶时，不时用干净的湿布揩拭壶身，时日稍久，壶身便色泽深黯沉静，发出雅光。使用越久，越是夺目，所以紫砂壶有越用越新的说法。

养壶守则，卫生第一

特别值得注意的是，有些人为了在壶内形成"茶山"（茶渍），使其看来更具古意，便将茶叶留存其中，任其阴干。更有些人泡茶后，故意将最后一泡茶汤存于壶内，直至下回使用前倒掉。殊不知，紫砂壶的气孔结构既擅于吸附茶汤，自然也易于吸收霉菌。尤其在高温地区，残茶很快就会变质，不但起不到养壶的作用，反而容易滋生细菌，产生异味。茶汤养壶是一个天长日久的过程，绝非短时之功，正确的做法是每次泡完茶以后马上用热水冲洗，并擦拭干净。

内外兼修，不事二茶

养壶不仅仅是养外表，壶身内壁亦应一并调养，方能收内外兼修之功。养壶的"内功"最重要的就是：一把壶只泡一种茶。泡乌龙的茶壶不宜再泡普洱，泡铁观音的壶不宜再来泡大红袍，即使同是乌龙茶，因品种的不同最好也用不同的茶壶。一般来说，只要茶品的浓淡不同，或香味各异，则最好用不同的茶壶。茶馆、茶铺等茶所，基本都是一茶一壶。

水温

茶要泡得好喝，水温是关键，苏辙在《和子瞻煎茶》有云："相传煎茶只煎水，茶性仍存偏有味。"这就说明了水温对泡茶的重要。

初火青烟煮新茶

古人烧水的艺术

古人饮茶喜欢自己汲水、自己煮茶，在制作、煎煮、品饮过程中，使身心得以放松和满足，整个过程中的每一环节都是不可缺少的，它们共同组成了整个品茶艺术。

就拿煎水来说，水煮到何种程度称作"汤候"。鉴别"汤候"的标准，一是看水面沸泡的大小，二是听水沸时声音的大小。明代人张源总结出形、声、气三种方法来掌握火候。

形，就是观察煮水过程中的气泡，一开始气泡很小，称为"蟹眼"；继续加热，气泡变大一些了，称为"鱼眼"；再烧水就快开了，气泡一串一串的，称为"连珠"。这几种情况称为"萌汤"，大多数茶叶都根据具体情况选择萌汤的某一个阶段来冲泡。再烧下去水就彻底翻江倒海地烧开了。

声，就是听烧水的声音，我们形容声音多变往往用抑扬顿挫这个词，水烧开的过程中，声音是越来越大的，古人把水烧开过程中的声音也分4个阶段：初声、转声、振声、骤声，等到声音开始转小的时候，水就有点老了。

气，就是看水面蒸汽的形状，看见蒸汽缭绕杂乱的时候泡茶合适，等到蒸汽直冲的时候就烧过头了。

古人对于"汤候"的要求是有科学道理的，这些煎煮法成为我国品茶艺术的重要组成部分，与今天的科学冲泡有异曲同工之妙。

三沸

陆羽在《茶经》中指出泡茶烧水有三沸："其沸，如鱼目，微有声，为一沸；缘边如涌泉连珠，为二沸；腾波鼓浪，为三沸。已上水老不可食也。"意思就是水烧到开始出现有如鱼眼般的水珠，微微有声，就是第一沸；继续烧，边缘出现如泉涌，连连成珠时，为第二沸；到了水面如波浪般翻滚奔腾时，则为第三沸。若再继续煮水，水就会过老而不适合煮茶了。

一沸如鱼眼的水，相当于弹珠般的水珠，温度大约85℃，适合冲泡如绿茶类的不发酵茶或轻发酵茶。

二沸涌泉连珠的水，温度90~95℃，适合冲泡中低发酵的乌龙茶类。

三沸时，腾波鼓浪，水面滚动不止，这时温度在100℃，以冲泡重发酵茶最佳。

需要注意的是，陆羽所处的时代是唐朝，那个时期的茶叶是团茶不是散茶，因此都是以煮茶为主而不是现在的泡茶。现代煮茶，可以参考三沸。如果泡茶，水温当然是第一沸了，此时水中气体不会全部排出，有利于泡茶。如果等到三沸的话水就老了。

科学煮水增茶香

水的温度对于茶性的发挥至关重要，不同的茶因为发酵程度的不同，需要泡茶的温度也就不同。

水温对泡茶的影响

水的温度不同，茶的色、香、味也就不同，泡出的茶叶中的化学成分也就不同。温度过高，会破坏茶中的营养成分，茶所具有的有益物质遭受破坏，茶汤的颜色不鲜明，味道也不醇厚；温度过低，不能使茶叶中的有效成分充分浸出，称为不完全茶汤，其滋味淡薄，色泽不美。

水温与茶汤品质的关系

从口感上，茶性表现的差异：如绿茶用太高温的水冲泡，茶汤应有的鲜活感觉会降低；铁观音、水仙如用太低温的水冲泡，香气不扬，应有的阳刚风格表现不出来。可溶物释出率与释出速度的差异：水温高，释出率与速度都会增高，反之则减少。这个因素影响了茶汤浓度的控制，也就是等量的茶、水比例，水温高，达到所需浓度的时间短；水温低，所需时间长。

苦涩味强弱的控制：水温高，苦涩味会加强；水温低，苦涩味会减弱。所以苦涩味太强的茶，可降低水温改善之。苦涩味太强的茶，除水温外，浸泡的时间也要缩短。为达所需的浓度，水温低时就必须增加茶量，或延长时间，浸泡时间短也必须增加茶量。

泡茶水温的控制

冲泡不同类型的茶需要不同的水温：

低温（85~90℃）	适合龙井、碧螺春等嫩叶、芽采摘的绿茶以及白茶、黄茶类。
中温（90~95℃）	适合茶梢长到驻芽时才采摘的绿茶及花茶，如六安瓜片等，也适合采摘嫩叶、发酵程度比较轻的乌龙茶，如白毫乌龙等。
高温（95~100℃）	也就是要把水煮沸，适合大多数乌龙茶、红茶及所有黑茶。

影响水温的因素

沏茶水温还受到下列一些因素的影响：

温壶与否

置茶入壶前是否温壶，会影响泡茶的水温。热水倒入未加温过的壶，水温将降低约5℃。所以如果不温壶，水温必须提高些或延长浸泡的时间。

温润泡与否

所谓温润泡就是先注入少许热水，温润茶芽，这时茶叶吸收了热度与温度，再次冲泡时，可溶物释出的速度一定会加快，所以实施温润泡的第一道茶，浸泡时间要缩短。重发酵的茶一般温润泡的水是要倒掉的。

茶叶是否冷藏过

冷藏或冷冻后的茶，如果没有放置到常温就马上冲泡，应视茶叶温度酌量提高水温或延长浸泡时间。

科学使用随手泡

现代泡茶，用随手泡烧水非常普遍。一般随手泡基本上都有手动档和自动档两种，了解随手泡的温度变化，对我们掌握各种茶叶的冲泡水温有很大的作用：

冷水烧到自动档灯灭，此时水温90~93℃；自动挡调到手动挡继续加温，到100℃时需要的时间为1~1.5分钟时间；关闭开关，水温从100℃下降到95℃需要时间为1~1.5分钟，水温从95℃下降到90℃需要时间为2~2.5分钟，水温从90℃下降到80℃需要时间为6~7分钟；

80℃后调到自动档，自动亮灯再开始烧水，也就是说自动档的保温温度最低是75~80℃。

当然，上述的温度变化也不是一概而论的，随空气的寒冷，随手泡的个性差别有不同的差异和变化，还是需要在冲泡的过程中靠经验、手感、水汽、响声等来综合判定水温。

学习专业的冲泡方法

好茶有滋味，有香味，好茶加上好泡法，才能更有韵味。同时泡茶者的涵养、品位、仪态亦能为泡茶过程增色不少。家庭泡茶中无论是自饮还是和朋友共饮，虽然不必像专业的茶艺师一样动作规范而程式化，但有些基本礼仪、冲泡手法和细节还是必须讲究的。专业的冲泡手法，能保证我们泡出一杯醇香的茶汤；而得体的举止则反映出我们为人的品质与趣味。

基本姿势

姿态是身体呈现的样子。从中国传统的审美角度来看，人们推崇姿态的美高于容貌之美。茶艺过程中的姿态也比容貌更重要，因此茶人要从坐、立、行等几种基本姿态上规范自己的行为举止。

坐姿

端坐椅子中央，双腿并拢；上身挺直，双肩放松；头正下颏微敛，舌尖抵下颌；眼可平视或略垂视，面部表情自然。若坐在沙发、软座、低矮座位上时，双腿自然合拢向左或向右倾斜。腰背自然挺直，会显得人挺拔而有精神。

女性右手在上，双手虎口交握，置放胸前或面前桌沿；男性双手分开如肩宽，半握拳轻搭前方桌沿。全身放松，调匀呼吸、集中思想。如果作为来宾被让于沙发就座，则女性可正坐，或双腿并拢偏向一侧斜坐，脚踝可以交叉（时间久可以换一侧），双手交握轻搭腿处；男性可双手搭于扶手上，两腿可架成二郎腿但双脚必须下垂且不可抖动。

站姿

双脚并拢，身体挺直；头上顶，下颏微收，双眼平视，双肩放松。女性右手在上，双手虎口交握，置于腰际；男性双脚微呈外八字分开，双手自然下垂，手心向内，五指并拢。

茶艺全书：知茶 泡茶 懂茶

茶艺礼仪

鞠躬礼

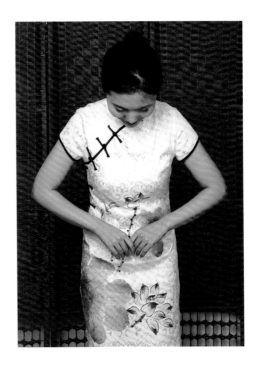

分为站式、坐式和跪式三种。根据行礼的对象分为"真礼"（用于主客之间）、"行礼"（用于客人之间）与"草礼"（用于说话前后）。站立式鞠躬与坐式鞠躬比较常用，其动作要领是：双手交叉于小腹，上半身平直弯腰，弯腰时吐气，直身时吸气；弯腰到位后略作停顿，再慢慢直起上身；行礼的速度宜与他人保持一致，以免出现不谐调感。"真礼"要求上半身与地面呈90°，"行礼"与"草礼"弯腰程度较低。

伸掌礼

这是习茶过程中使用频率最高的礼仪动作。表示"请"与"谢谢"，主客双方均可采用。两人面对面时，均伸右掌行礼对答；两人并坐（列）时，右侧一方伸右掌行礼，左侧方伸左掌行礼。伸掌姿势为：将手斜伸在所敬奉的物品旁边，四指自然并拢，虎口稍夹紧，手掌略向内凹，手心中要有含着一个小气团的感觉。手腕要含蓄用力，不至于动作轻浮。行伸掌礼同时应欠身点头微笑，讲究一气呵成。

泡茶基本手法

千万别看一把小小的茶壶，不管你的手有多大力气，茶壶要拿着舒服、不烫手，使用时动作自如，别人看着也舒服，是需要一点技巧的。

持壶

标准持壶： 拇指和中指捏住壶柄，向上用力提壶，食指轻轻搭在壶盖上，注意不要按住气孔，无名指向前抵住壶柄，小指收好。

双手持壶： 刚开始泡茶时，可采用此种方法，一只手的中指或食指抵住壶纽，另一只手的拇指、食指、中指握住壶柄，双手配合。

其他持壶： 食指、中指钩住壶柄，拇指轻搭在壶纽上，拿稳茶壶。

温壶

开盖： 右手大拇指、食指与中指按壶盖的壶纽上，揭开壶盖，提腕依半圆形轨迹将其放入盖置（或茶盘）中。

注水： 右手提开水壶，按逆时针方向加回转手腕一圈低斟，使水流沿圆形的茶壶口冲入；然后提腕令开水壶中的水高冲入茶壶；待注水量为茶壶总容量的 1/2 时压腕低斟，回转手腕一圈并用力令壶流上翻，令开水壶及时断水，轻轻放回原处。

加盖： 开盖顺序颠倒即可。

荡壶： 双手取茶巾横覆在左手手指部位，右手三指握茶壶把，将壶放在左手茶巾上，双手协调按逆时针方向转动手腕如滚球动作，令茶壶壶身各部分充分接触开水，将冷气涤荡无存。

倒水： 以正确手法提壶将水倒入茶盘或水盂中。

温杯

泡茶之前要先温杯，根据茶具的不同，温杯的方式也不一样。

玻璃杯

右手握茶杯基部，左手托杯底，右手手腕逆时针转动，双手协调令茶杯各部分与开水充分接触。

涤烫后将开水倒入水盂，放下茶杯。

品茗杯

手持品茗杯，逆时针旋转。滚动温杯，一只杯侧立在另一杯中，手指推动茶杯转动温烫。再将温杯的水倒入水盂中。

用茶夹夹住品茗杯，在另一只杯中滚动温烫。用茶夹夹住品茗杯，逆时针旋转一周将水倒掉。

温盖碗

左手持杯身中下部，右手按杯盖，逆时针方向旋转一周（方法同玻璃杯）。

掀开杯盖，让温杯的水顺着杯盖流入杯托，同时右手转动杯盖温烫杯盖。

冲泡手法

单手回转冲泡法

右手提壶，手腕逆时针回转，令水流沿茶壶口（茶杯口）内壁冲入茶壶（杯）内。

双手回转冲泡法

如果开水壶比较沉，可用此法冲泡。双手取茶巾置于左手手指部位，右手提壶、左手垫着茶巾托在壶底；右手手腕逆时针回转，令水流沿茶壶口（茶杯口）内壁冲入茶壶（杯）内。

凤凰三点头冲泡法

高提水壶，让水直泻而下，接着利用手腕的力量，上下提拉注水，反复三次，让茶叶在水中翻动。这一冲泡手法，雅称凤凰三点头。

凤凰三点头，最重要在于轻提手腕，手肘与手腕平，便能使手腕柔软有余地。所谓水声三响三轻、水线三粗三细、水流三高三低、壶流三起三落都是靠柔软手腕来完成。至于手腕柔软之中还需有控制力，才能达到同响同轻、同粗同细、同高同低、同起同落，最终才会看到每碗茶汤完全一致。

回转高冲低斟法

乌龙茶冲泡时常用此法。先用单手回转法，右手提开水壶注水，令水流先从茶壶壶肩开始，逆时针绕圈至壶口、壶心，提高水壶令水流在茶壶中心处持续注入，直至七分满时压腕低斟（仍同单手回转手法）；水满后提腕令开水壶壶嘴上翘断水。淋壶时也用此法，逆时针打圈浇淋。

从新手到高手的泡茶细节

细节决定品位，泡茶时对细节的把握不仅能保证我们泡出一杯醇香的茶汤，也是一个提升自我、休养身心的过程。

细节一：妆容服饰

女士泡茶时可以化淡妆，但要求妆容清新自然，以恬静素雅为基调，切忌浓妆艳抹，这样有失分寸。由于茶叶有很强的吸附能力，所以化妆时应选用无香的化妆品，以免影响茶的香气。

服饰要合体，便于泡茶。款式可选择富有中国特色的服装，比如旗袍或者各类民族服装。泡茶时手上和腕部不宜佩戴太多的饰品。因各民族风俗不同，有些民族服装需配有本民族的饰品，但要以不影响泡茶为前提。泡茶时头发要求清洁整齐，色泽自然。男性头发不过耳，女性长发盘起来，如是短发，应梳理在脑后，不宜散发。

细节二：茶具的准备

冲泡不同的茶之前，要准备与之相配套的茶具。茶具的摆放要符合方便操作的需要，冲泡过程中双手要配合使用，器具用完后放回原来的位置，茶具摆放可根据泡茶者的喜好和方便。但是靠近左边的物品用左手取，靠近右边的物品用右手取，取物后交到使用这件器物的手上。取放物品要绕物取物，避免交叉取物。

细节三：选茶

以茶待客自然要选用好茶。所谓好茶，应注意两个方面：一方面是指茶叶的品质，应选上等的好茶待客；另一方面，要根据客人喜好来选择茶叶的品种，同时，也应根据客人的口味浓淡来调整茶汤的浓度。一般待客时可事先了解或当场询问客人的喜好。

还可以根据客人的性别、健康状况和时令的不同，有选择地推荐茶叶。比如：女士可选择有减肥功能的普洱茶，男士可推荐能细细玩味的乌龙茶；在炎炎夏日泡杯清心的绿茶，寒冷冬季冲一壶暖暖的红茶。

细节四：茶叶的取放

用茶匙将外形松散的茶叶拨入茶荷中。用茶则盛取外形紧结不易碎的茶叶。泡茶时所用的茶叶应根据需要量取用，取完茶叶茶罐封好后应放回原处。因为茶叶长时间在空气中放置会吸湿，氧化变质。

细节五：茶巾的使用

茶巾是整个泡茶过程中不可缺少的用具，要选择吸水性强的，在使用前应使茶巾干燥，不要使用潮湿的茶巾。

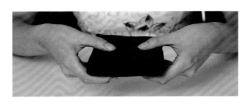

双手拇指在上，四指在下拿起茶巾。右手放开茶巾，取需擦拭的茶具。

擦拭品茗杯底。

擦拭公道杯底。

擦拭壶底。

  *茶艺全书：知茶 泡茶 懂茶*

细节六：闻香

闻香时右手虎口分开，手指虚拢成握空心拳状，将闻香杯直握于拳心。也可双手掌心相对虚拢作合十状，将闻香杯捧在两手间。

细节七：品茗

用拇指和食指捏住杯身，中指托杯底，无名指和小指收好，持杯品茶，称"三龙护鼎法"；女士可以将小指微外翘呈兰花指状。

细节八：浅茶满酒

所谓茶满欺人，酒满敬人。斟茶时适宜的水量是杯的七分满，留三分表示敬意。注意斟茶续水也要七分满。

细节九：双手的摆放

泡茶通过手的动作完成，因此通常客人的目光会集中在泡茶人的双手上。泡茶人的心情、信心、修养都可以从手的表达上折射出来。泡茶前指甲要修整干净，洗干净手，不要用有香味的护手霜。在泡茶的间隙，双手活动停止时，可轻轻搭在茶巾上。

细节十：收具

品茶结束后一定不能偷懒，及时清洁器具这一步也很重要，不要觉得麻烦而不去清洗茶具，否则旧茶放的时间长了，会污染茶具。而且如果茶具没有清洗干净，茶具内壁会长出一层茶垢，其中含有的有害物质在饮茶时带入身体，会影响人体的健康。故凡有饮茶习惯者，应经常及时清洗茶具内壁的茶垢。

中篇

品味中国名茶

俗话说，
开门七件事：
柴米油盐酱醋茶。
俗不可耐的生活背后，
每个人都渴望
浮躁的生活
在落下尘埃后那片刻的宁静。
品茶已是一种品位，
一种时尚，
一种全新的
对生活味道的品尝。

绿茶茶艺

品鉴要点

绿茶是我们祖先最早发现和使用的茶，以茶树新梢为原料，经杀青、揉捻、干燥等一系列工序制作而成。

茶叶特点

在各类茶中，绿茶的名品最多，但凡略有名气的茶品，绿茶占一半以上。由于内敛的特性，绿茶的香味悠长，非常适合浅啜细品。绿茶不仅品质优异，而且造型独特，具有较高的艺术欣赏价值。

因为绿茶是不发酵茶，由于其特性决定了它较多地保留了鲜叶内的天然物质。其中茶多酚、咖啡碱保留了鲜叶的85%以上，叶绿素保留50%左右，维生素损失也较少，从而形成了绿茶"清汤绿叶，滋味收敛性强"的特点。

茶叶工艺

绿茶的加工，简单分为杀青、揉捻和干燥三个步骤，其中关键在于初制的第一道工序，即杀青。简单地说，杀青就是利用高温杀死叶细胞，停止发酵，让茶固定在我们希望的状况下。方法有二：一是用炒的，称为炒青；二是用蒸的，称为蒸青。我们平时喝到的茶绝大部分是用炒的，只有少部分绿茶采用蒸的。炒青的茶比较香，但蒸青的茶比较绿。

鲜叶通过杀青，酶的活性钝化，内含的各种化学成分，基本上是在没有酶影响的条件下，由热力作用进行物理化学变化，从而形成了绿茶的品质特征。

茶香正浓

绿茶有清香或熟栗香、甜花香，滋味鲜醇。

鉴别绿茶

绿茶可根据其外观和泡出的茶汤、叶底进行鉴别。

春茶、夏茶和秋茶

春茶外形芽叶硕壮饱满、色墨绿、润泽，条索紧结、厚重；泡出的茶汤味浓、甘醇爽口，香气浓，叶底柔软明亮。

夏茶外形条索较粗松，色杂，叶芽木质分明；泡出的茶汤味涩，叶底质硬，叶脉显露，夹杂铜绿色叶子。

秋茶外形条索紧细、丝筋多、轻薄、色绿；泡出的茶汤色淡、汤味平和、微甜，香气淡，叶底质柔软，多铜色单片。

新鲜绿茶和陈旧绿茶

新鲜绿茶的色泽鲜绿、有光泽，闻有浓茶香；茶汤色泽碧绿，有清香、兰花香、熟板栗香味等，滋味甘醇爽口；叶底鲜绿明亮。陈旧绿茶色黄晦暗、无光泽，香气低沉，如对茶叶用口吹热气，湿润的地方叶色黄且干涩；茶汤色泽深黄，味虽醇厚但不爽口；叶底陈黄欠明亮。

茶叶功效

绿茶不仅具有一般茶叶所有的提神清心、清热解暑、消食化痰、祛腻减肥、清心除烦、解毒醒酒、生津止渴、降火明目、止痢除湿等药理作用。最新研究结果表明，绿茶中保留的天然物质成分，对延缓衰老、预防癌症、杀菌消炎等均有特殊效果，为发酵类茶所不及。

基本分类

炒青绿茶

长炒青——眉茶（特珍、珍眉、雨茶、秀眉、贡熙等）。

圆炒青——珠茶（平水珠茶、泉岗辉白、涌溪火青）。

细嫩炒青——龙井、大方、碧螺春、雨花、松针等。

烘青绿茶

普通烘青——闽烘青、浙烘青等。

细嫩烘青——黄山毛峰、太平猴魁、高桥银峰等。

晒青绿茶

滇青、川青、陕青等。

蒸青绿茶

煎茶、玉露等。

名茶冲泡与品鉴

西湖龙井（院外风荷西子笑，明前龙井女儿红）

西湖龙井茶，因其悠久的文化，而被赋予茶外之意，所以说到茶，很多人自然而然地第一个就想到它。

品茗最佳季节：春夏
养生功效：提神、抗氧化、净化血管，预防中风和心脏病

外形：扁平挺直、光洁匀整
色泽：翠绿鲜润

汤色：清澈明亮、碧绿黄莹
香气：馥郁清香、幽而不俗
滋味：鲜醇甘爽

叶底：嫩绿、匀齐成朵

龙井问茶

龙井，是茶名，也是井名，村名和寺名。自从1985年"龙井问茶"入选新西湖十景以后，从此，不仅是这里的茶叶，连这里的风景也身价倍增。

西湖龙井茶独特的品质，是独特加工工艺制作的结晶，更是当地优越的自然环境和气候条件的造化。龙井茶区东临西湖，南向钱塘江，西北环山，峦峰起伏，群山叠翠，古木参天，溪涧径流遍布。茶树常年处于"不雨山长涧，无云水自阴"的水气生态环境中。

龙井茶，最珍贵的就是清明前采摘的，因为清明前，茶树刚发芽，此时采摘不仅量很小，而且极为鲜嫩。

茶颜观色

高级龙井茶的色泽翠绿，外形扁平光滑，形似"碗钉"，冲泡后汤色碧绿明亮，香馥如兰，滋味甘醇鲜爽，因此西湖龙井有"色绿、香郁、味醇、形美"四绝佳茗之誉。

闲品茶汤滋味长

西湖龙井是茶中珍品，"四绝"之名，当从品茶中细细体会，龙井茶宜细品慢啜，需细细体会齿颊留芳、甘泽润喉的感觉。

制茶亦有道

龙井茶优异的品质是精细的采制工艺所形成的。采摘1芽1叶和1芽2叶初展的芽叶为原料，经过摊放、炒青锅、回潮、分筛、辉锅、筛分整理（去黄片和茶末）、收灰贮存数道工序而制成。龙井茶炒制手法复杂，依据不同鲜叶原料、不同炒制阶段分别采取"抖、搭、捺、拓、甩、扣、挺、抓、压、磨"等十大手法。难怪当年乾隆皇帝在杭州观看了龙井茶炒制后，也为其花费劳力之大和技艺功夫之深而感叹不已。

选茶不外行

辨别龙井，第一看颜色，茶叶颜色嫩黄说明是本年采摘时间较早的茶叶（量少价高）。颜色翠绿看上去偏深则是本年采摘比较迟的茶叶（量大价略低）。颜色发灰发闷说明是去年前年的陈茶。

第二看大小，茶叶小说明是采摘时间早的特级茶，茶叶大说明采摘时间相对靠后。

第三看茶叶是否壮硕，有无肉感，采摘时间早的茶叶由于吸收大量营养所以比较壮硕有肉感，看起来很厚实，反之茶叶细瘦而薄则说明是时间靠后的茶叶，因为土壤营养已经不够。

第四看茶水（汤色），龙井泡开后汤色透明碧绿为上品，汤色浑浊的茶叶为次品。

家庭巧存茶

可选择体积合适且密封性能好的玻璃瓶、陶瓷罐等作为容器，大小视需存放的茶叶多少而定，要求干燥、清洁、无味、无锈；干燥的茶叶用干净的薄纸包好（不得用旧报纸，以免茶叶吸附墨味），每包500克，用细绳扎紧，一层一层地放入罐的四周（石灰袋置于中央），密封即可。如茶叶数量少而且很干燥，也可用两层防潮性能好的薄膜袋包装密封好，放在冰箱中。

茶艺准备

备盏候香茶

冲泡技艺

准备：首先将水烧至沸腾，等 3~5 分钟即可到最适宜的 90℃左右。取适量西湖龙井茶放入茶则之中备用。

温杯：倒少量热水入盖碗中，温杯润盏。杯身和杯盖都需要温烫到。

冲泡要领：

1. 人们最常用的冲泡龙井的器具是玻璃杯，以便更好地欣赏茶叶在水中上下翻飞、翩翩起舞的仙姿。但最适合泡龙井茶的是瓷器茶具，因为它能发挥西湖龙井茶的香与味，能更好地诠释龙井的精妙。

2. 用于冲泡西湖龙井的茶具，要求内瓷洁白，便于衬托碧绿的茶汤和茶叶。

3. 所谓下投法指的是先投茶后冲水的冲泡方法。

投茶：将茶则中的西湖龙井茶投入盖碗之中。

润茶：向盖碗中倒入热水，浸没茶叶即可。让茶叶浸润，展开，10 秒钟左右即可。

冲泡：用凤凰三点头的方法高冲水，即高提水壶，让水直泻而下，利用手腕的力量，上下提拉注水，反复三次，让茶叶在水中翻动。冲水至七分满。

茶事历历

　　生活中用绿茶待客最为方便礼貌，一般用玻璃杯冲泡即可。通常绿茶泡开后，第一泡茶不要倒尽，留些水来养茶，才是高明的泡绿茶法。

将杯盖斜放在盖碗上，以免茶叶闷黄。每次冲水前都要如此。

冲泡要领：

1. 凤凰三点头不仅是为了泡茶本身的需要，为了显示冲泡者的姿态优美，更是中国传统礼仪的体现。三点头像是对客人鞠躬行礼，是对客人表示敬意，同时也表达了对茶的敬意。

2. 绿茶对水温要求是85~90℃，因此上班族在办公室里饮水机的水温就可以冲泡绿茶。

第二泡

当茶汤饮到还剩1/3时，采用凤凰三点头的手法续第二泡茶汤，茶汤依旧冲水至七分满。待茶汤色泽浓郁、滋味醇厚之后，继续品饮。一般来说第二泡滋味会更浓一些，这是因为茶叶中所浸出的刺激性物质含量增多，但鲜爽的感觉会比第一泡要低一些。

第三泡

当第二泡茶汤饮到还剩 1/3 时，继续用凤凰三点头的手法续第三泡茶汤，但这次冲水的力度要大些，因为茶叶中的大多数内含物质已经浸出，因此要通过水的力度刺激茶汁的浸出。第三泡的茶汤较第二泡清淡些，口感比较薄，但品饮中还是能体验到满口生津。

龙井茶的传说

很久很久以前，龙井山上有一个庙宇，其庙门的屋檐下有一个石臼，成年累月接着屋檐的水，石臼里外布满了厚厚的、绿油油的仙苔。由于山顶整年云雾缭绕，冬天有冰雪融化浇灌，春天有晨曦露珠滋润，历经几百年灵山灵水的抚育及陶冶，这只石臼已不可等闲视之，自然已经赋予她生命的灵气。

某日，从徽州来了一商人，见到了这只仙苔石臼，顿时惊讶不已，愿出五百两银子，买下这只石臼。庙中的老和尚不知其中奥秘，便答应第二天让商人来取。黄昏的时候，老和尚绕着石臼仔细看，见石臼又脏又旧，心想既然要卖给人就要洗刷干净，便叫了几个小和尚来洗刷，他才安心去就寝。

次日，商人一早就来到庙门前，一看这洗刷干净的石臼，大声叹息：可惜本来有仙气的石臼，洗去了仙苔，也抹杀了灵性。他问小和尚，昨晚将洗刷仙苔的水倒在何处。小和尚答，倒在了庙前的山坡上。并领着商人去看，不看不要紧，一看大家目瞪口呆，昨晚倒仙苔水的地方，已经长出了十八颗郁郁葱葱的茶树。仙苔的灵气已经化作了有形的新生命，她来自于大自然精华的孕育，现又回归扎根在大地之上。这事被当地的恶官吏知道了，想占为己有，亲自带了手下人来山坡上挖仙茶树，哪知当恶官吏来到那片山坡上的时候，满山遍野都是绿油油的茶树，再也分辨不出那十八颗仙茶了。那十八颗茶树已经以她博大的胸怀化作漫山遍野的茶林。

乾隆下江南时畅游钱塘古城，游遍西湖山水，曾经踏足龙井山，赞叹龙井山质朴无华，龙井泉清纯甘甜，龙井茶色绿、香郁、味醇、形美。当他知道十八颗仙茶树化作遍布龙井山的茶林时，感慨万千，拿起御笔，写下了"龙井十八御茶"之匾，来纪念这一美妙的传说。

洞庭碧螺春（碧螺飞翠太湖美，新雨吟香云水闲）

龙井之后当属碧螺春，靠着太湖的西山，把碧螺春养育得清丽端庄。想象在一个落日的下午，江南最为明媚的春色里，檀香悠然，红木的桌子和凳子在阳光里慵懒着，手上的青花手绘盖碗里面的碧螺春，是否在怅然的意境里面泡出一个江南的春天。

品茗最佳季节：春夏
养养生功效：提神健胃、防龋齿、清肝明目、降血压

外形：条索纤细、茸毛遍布、卷曲呈螺

色泽：银绿隐翠

汤色：嫩绿、略显浑浊

香气：嫩香芬芳

滋味：鲜醇甘厚

叶底：芽大叶小，嫩绿柔匀

入山无处不飞翠

生于太湖之滨、洞庭山之巅的碧螺春，能长成受文人墨客追捧、帝王将相喜爱，集万千宠爱于一身的"绝代佳品"，皆因为天时、地利、人和。

洞庭山常年云蒸霞蔚，日月光华、天雨地泉浸浴着这里的茶树，也赋予其秀美清奇的气质。两山树木苍翠，泉涧漫流。花清其香，果增其味，泉孕其肉，碧螺春花香果味的天然品质正是如此孕育而成的。

茶颜观色

碧螺春干茶条索纤细匀整，形曲如螺，满披茸毛，白毫显露；汤色碧绿。采摘时间越早，叶底白毫越多，越稚嫩。

闲品茶汤滋味长

品饮碧螺春应分三口：头一口色淡、幽香、鲜雅；第二口感到茶香更浓、滋味更醇，并开始有回甘，满口生津；而到了第三口我们所品到的已不再是茶，而是在品太湖春天的气息，在品洞庭山盎然的生机了。

制茶亦有道

碧螺春的采制非常严格，它每年春分前后开采，以春分至清明这段时间采摘的品质最好。通常采摘1芽1叶初展，形如雀舌。采回的芽叶须进行精细的拣剔，剔去鱼叶和不符标准的芽叶，保持芽叶匀整一致。通常拣剔1千克芽叶，需用2~4小时。

其实，芽叶拣剔过程也是鲜叶摊放过程，可促使内含物轻度氧化，有利于品质的形成。一般5~9点采，9~15点拣剔，15~24点炒制，做到当天采摘，当天炒制，不炒隔夜茶。

选茶不外行

正宗洞庭碧螺春具有卷曲如螺、茸毛遍体、银绿隐翠三个特征，假茶多不完全具备这些特点。

正宗洞庭碧螺春香气浓烈，清香带花果香。其他碧螺春香气不足，也有一点香气，但没有清香和果香，有青草气。

正宗洞庭碧螺春喝到口中很顺口，有一种甘甜、清凉、味醇的感觉，有回味，主要是口味醇。其他碧螺春喝到口中有涩、凉、苦、淡的感觉，无回味，还有青叶味。

家庭巧存茶

碧螺春在空气中很容易氧化，在合适的温度下还会发酵。应该把碧螺春连小包装纸盒一起，装入食品袋后放入冰箱冷藏室存储。如果冰箱有味道，要多套几层袋子，防止茶叶吸附异味。

传统的贮藏方法是将茶叶纸包，将块状石灰袋装，茶、灰间隔放置缸中，加盖密封防潮贮藏。

茶艺准备

适宜茶具：玻璃杯、青花瓷、白瓷茶具　　茶水比例：1（克茶）：50（毫升水）

水温：80~85℃　　　　　　　　　　　冲泡方法：玻璃杯之上投法

备盏候香茶

冲泡技艺

准备：先将水烧至沸腾，等水温降到80℃左右。用茶则将适量洞庭碧螺春投入茶荷之中。

温杯：向玻璃杯中注入少量热水。双手持杯底缓慢旋转，使杯中上下温度一致，然后将洗杯的水倒入水盂中。

冲泡要领：

1. 对于刚开始喝茶的人来说，投茶量可以少些。碧螺春是比较嫩的茶叶，水温低些大概在80℃左右就好，即手摸杯子微微觉得烫就可以了。

2. 温杯的两重意义：一是为了清洁杯子，二是为杯子增温。杯温跟水温越相近越能让茶性发挥。

茶艺全书：知茶 泡茶 懂茶

注水：注水入杯至七分满。

投茶：用茶匙将茶荷中的洞庭碧螺春轻轻拨入玻璃杯中。

静置：投茶后将茶静置3分钟左右。

冲泡要领：

1. 冲泡绿茶通常选用无色无花纹的直筒形、厚底耐高温的玻璃杯，以便于观赏"茶舞"。

2. 一般泡茶是先放茶，后冲水。而碧螺春则是先在杯中倒入沸水，然后放进茶叶。这种先向杯中冲入热水至七分满，再投入茶叶的方法称为上投法，适用于茶芽细嫩、紧细重实的茶，如碧螺春、蒙顶甘露。这种泡法还有个好听的名字叫"落英缤纷"。

3. 碧螺春因为毫多，冲泡后会有"毫浑"，其他绿茶汤色都应清明透亮。

赏茶舞: 欣赏茶叶落入水中, 茶芽吸水后瞬间沉入杯底, 茶叶渐渐落下, 茶汤慢慢变绿的过程。

第二泡

当茶汤还剩 1/3 的时候, 将水注入杯中, 续满七分。此时的茶汤会浓郁起来, 色泽也会更绿, 汤浓色重, 口感也由清雅变得浓醇。

第三泡

当茶汤还剩 1/3 的时候, 将水注入杯中, 续满七分。第三泡的茶汤滋味又恢复了清淡, 醇和的感觉淡了, 滋味较之前一泡薄了少许。

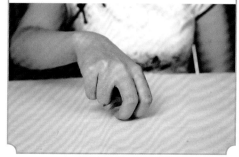

茶艺全书: 知茶 泡茶 懂茶

洞庭碧螺春的传说

很久以前，太湖的西洞庭山上住着名叫碧螺的姑娘，碧螺美丽、聪慧，她的歌声如行云流水般的优美清脆。与之隔水相望的东洞庭山上，有一位叫阿祥的青年渔民。碧螺姑娘悠扬的歌声，飘入正在太湖上打渔的阿祥耳中，阿祥被碧螺的歌声打动，于是产生了倾慕之情。

一天，太湖里突然跃出一条恶龙，扬言要荡平西山，劫走碧螺。阿祥为保卫洞庭山的乡邻与碧螺的安全，便与恶龙交战，连续大战七个昼夜，阿祥与恶龙都身负重伤，躺倒在太湖之滨。乡邻们赶到湖畔，斩除了恶龙，并将已身负重伤的阿祥救回了村里。碧螺为了报答救命之恩，把阿祥抬到自己家里，亲自护理，为他疗伤。

一日，碧螺为寻觅草药，来到阿祥与恶龙交战的流血处，发现了一株小茶树，枝叶繁茂。碧螺便将这株小茶树移植于洞庭山上并加以精心护理。不久，那株茶树便吐出了鲜嫩的芽叶，而阿祥的身体却日渐衰弱，汤药不进。

碧螺在万分焦虑之中，陡然想到山上那株以阿祥的鲜血育成的茶树，于是跑上山去，以口衔茶芽，泡成了翠绿清香的茶汤，捧给阿祥饮尝。阿祥饮后，精神顿爽，问是从何处采来的"仙茗"，碧螺将实情告诉了阿祥。此后碧螺每天清晨上山，将饱含晶莹露珠的新茶芽以口衔回，揉搓焙干，泡成香茶给阿祥饮用。阿祥的身体渐渐复原了，可是碧螺却因天天衔茶，渐渐失去了元气，终于憔悴而死。阿祥悲痛欲绝，便与众乡邻将碧螺葬于洞庭山上的茶树之下，为告慰碧螺的芳魂，于是就把这株奇异的茶树称之为碧螺春。

黄山毛峰（白毫披身，芽尖似峰）

黄山毛峰，又名黄山云雾茶，是我国极品名茶之一。登过黄山的人，饮此茶恍若再睹天下奇绝；未曾到过黄山的人，也可从茶香中揣摩出如诗似画的景色。

品茗最佳季节：夏季
养生功效：消热消暑、解毒去火、止渴生津、强心提神

自古名山产名茶

黄山盛产名茶，除了具备一般茶区的气候湿润、土壤松软、排水通畅等自然条件外，还兼有山高谷深、溪多泉清、湿度大、岩峭坡陡能蔽日、林木葱茏水土好等自身特点。

外形： 形似雀舌、银毫显露
色泽： 黄绿油润

"晴时早晚遍地雾，阴雨成天满山云"，黄山常常云雾缥缈。这样的自然条件，使茶树终日笼罩在云雾之中，很适合茶树生长，因而黄山茶叶叶肥汁多、经久耐泡。加上黄山遍生兰花，采茶之际，正值山花烂漫，花香的熏染，使黄山茶叶格外清香，风味独具。

茶颜观色

汤色： 黄绿，清澈明亮
香气： 清香馥郁
滋味： 鲜醇爽口

黄山毛峰条索细扁，翠绿之中略泛微黄，色泽油润光亮。尖芽紧偎叶中，形似雀舌，并带有金黄色鱼叶；叶芽肥壮，均匀整齐，白毫显露，色似象牙。其中"鱼叶金黄，色似象牙"是黄山毛峰和其他绿茶的最大的区别。

很多人认为鱼叶金黄是指黄山毛峰的叶芽是金黄色，其实这个指的是黄山毛峰特级茶叶 1 芽 1 叶下那片过冬的小叶子是金黄色的，一般毛峰的芽叶还是黄绿色。

闲品茶汤滋味长

叶底： 嫩黄柔软

黄山毛峰茶汤滋味柔和，入口清爽温润，口颊生香；其香似兰香悠然，沁人心脾。

制茶亦有道

特级黄山毛峰的采摘标准为1芽1叶初展，1~3级黄山毛峰的采摘标准分别为1芽1叶、1芽2叶初展；1芽1、2叶；1芽2、3叶初展。特级黄山毛峰开采于清明前后，1~3级黄山毛峰在谷雨前后采制。

先将鲜叶进行拣剔，剔除冻伤叶和病虫危害叶，拣出不符合标准要求的叶、梗和茶果，以保证芽叶质量匀净。然后将不同嫩度的鲜叶分开摊放，散失部分水分。为了保质保鲜，要求上午采，下午制；下午采，当夜制。黄山毛峰的制造有系摘、杀青、揉捻、干燥烘焙四道工序。

选茶不外行

正宗黄山毛峰产于安徽歙县黄山。其外形细嫩稍卷曲，有锋毫，形状有点像"雀舌"，叶呈金黄色，色泽嫩绿油润，冲泡后香气清鲜，汤色杏黄、明亮，味醇厚、回甘，叶底芽叶成朵，厚实鲜艳。假茶呈土黄色，味苦，叶底不成朵。

家庭巧存茶

黄山毛峰茶易受潮变质，把茶叶买回家后，必须妥善保存。现在多采用冰箱冷藏方法，冷藏温度控制在0~10℃为好。由于茶叶极易吸附异味和水分，而家用冰箱通常会放置各类食品，因此采用冰箱低温冷藏黄山毛峰时，特别要注意外包装的阻隔性能，以防止串味。可选择外包装隔气性好的材料，如在茶叶纸包外套1~2层高密度聚乙烯袋，或用铝箔袋装茶叶，然后扎紧放入冰箱即可。

茶艺准备

适宜茶具：玻璃杯、白瓷茶具   茶水比例：1（克茶）：50（毫升水）

水温：85℃左右   冲泡方法：玻璃杯之中投法

备盏候香茶

冲泡技艺

准备：先将水烧至沸腾，等水温降到85℃左右，用茶匙将适量茶叶拨入茶荷之中。

温杯：向玻璃杯中注入少量热水，手持杯底，缓慢旋转使杯中上下温度一致，然后将废水倒入水盂中。

注水：将热水注入杯中，约为茶杯的 1/4。

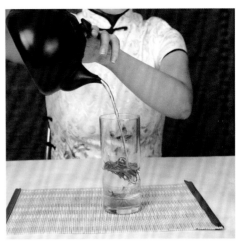

投茶：用茶匙将茶荷中的黄山毛峰拨入杯中，静待茶叶慢慢舒展。可轻摇杯身，促使茶汤均匀，加速茶与水的充分融合。

冲水：茶叶舒展后，高冲水至七分满。1~2分钟后即可品茗。

黄山毛峰的传说

相传在明朝天启年间，江南黟县新任县官熊开元去黄山春游时迷了路，途中遇到一位老和尚，便借宿于寺院中。老和尚泡茶敬客时，熊开元细看这茶叶色微黄、形似雀舌、身披白毫，开水冲泡下去，只见热气绕碗边转了一圈，转到碗中心后直线升腾，约有一尺高，随后在空中转一圆圈，化成一朵白莲花。那白莲花又慢慢上升化成一团云雾，最后散成一缕缕热气飘荡开来，清香满室。熊开元问后方知此茶名叫黄山毛峰，临别时老和尚赠送此茶一包和黄山泉水一葫芦，并叮嘱一定要用此泉水冲泡才能出现白莲奇景。

消息传到宫中，皇帝传令熊开元进宫表演，却不见白莲奇景出现，龙颜大怒。熊开元随即讲明缘由后请求回黄山取水。取回山泉水后的熊开元在皇帝面前再次冲泡玉杯中的黄山毛峰，果然出现了白莲奇观，皇帝看得眉开眼笑，便对熊开元说道："朕念你献茶有功，升你为江南巡抚，三日后就上任去吧。"

熊开元心中感慨万千，暗忖道"黄山名茶尚且品质清高，何况为人呢？"于是脱下官服玉带，来到黄山云谷寺出家做了和尚，法名正志。如今在苍松入云、修竹夹道的云谷寺下的路旁，有一骡庵大师墓塔遗址，相传就是他的坟墓。

太平猴魁（猴魁两头尖，不散不翘不卷边）

太平猴魁有"猴魁两头尖，不散不翘不卷边"之称。猴魁茶包括猴魁、魁尖、尖茶3个品类，以猴魁最好。

外形： 两叶抱芽、平扁挺直、白毫隐伏

色泽： 苍绿匀润

汤色： 青绿明净

香气： 幽香扑鼻

滋味： 醇厚爽口

叶底： 嫩绿匀亮、芽叶成朵肥壮

尖茶之冠的由来

相传清末，南京太平春、江南春等茶庄，纷纷在太平产区设茶号收购茶叶加工尖茶，运销南京等地。江南春茶庄从尖茶中拣出幼嫩芽叶作为优质尖茶供应市场，获得成功。猴坑茶农王老二（王魁成）在凤凰尖茶园，选肥壮幼嫩的芽叶，精工细制成王老二魁尖。

由于猴坑所产魁尖风格独特，质量超群，使其他产地魁尖望尘莫及，特冠以猴坑地名，叫"猴魁"。

茶颜观色

太平猴魁的色、香、形独具一格，有"刀枪云集，龙飞凤舞"的特色。每朵茶都是两叶抱一芽，平扁挺直，不散、不翘、不曲，俗称"两刀一枪"。叶色苍绿匀润，叶脉绿中隐红，俗称"红丝线"。

闲品茶汤滋味长

太平猴魁滋味鲜爽醇厚、回味甘甜，泡茶时即使放茶过量，也不苦不涩。品其味，则幽香扑鼻，醇厚爽口，回味无穷，有独特的"猴韵"；可体会出"头泡香高，二泡味浓，三泡四泡幽香犹存"的意境。

制茶亦有道

太平猴魁的采摘在谷雨至立夏，茶叶长出 1 芽 3 叶或 4 叶时开园，立夏前停采。采摘时间较短，每年只有 15~20 天时间。分批采摘开面为 1 芽 3、4 叶，并严格做到"四拣"：一拣坐北朝南、阴山云雾笼罩的茶山上茶叶；二拣生长旺盛的茶棵采摘；三拣粗壮、挺直的嫩枝采摘；四拣肥大多毫的茶叶。将所采的 1 芽 3、4 叶，从第二叶茎部折断，1 芽 2 叶（第二叶开面）俗称"尖头"，为制猴魁的上好原料。

采摘天气一般选择在晴天或阴天午前（雾退之前），午后拣尖。由杀青、毛烘、足烘、复焙四道工序制成。

选茶不外行

太平猴魁干茶扁平挺直、魁伟重实。简单地说，就是其个头比较大，两叶一芽，叶片长，这是太平猴魁独一无二的特征，其他茶叶很难鱼目混珠。冲泡后，芽叶成朵肥壮，有如含苞欲放的白兰花。此乃极品的显著特征，其他级别形状相差甚远，则要从色、香、味仔细辨识。

太平猴魁产量不大，极品太平猴魁更是凤毛麟角，假冒者甚多，一定要选择正规渠道购买，黄山原产地、黄山区（原太平县）较多。

家庭巧存茶

买回的小包装茶，无论是复合薄膜袋装茶或是听罐包装茶，都必须放在能保持干燥的地方。如果是散装茶，可用干净白纸包好，置于有干燥剂（如块状未潮解石灰）的罐、坛中，坛口盖密。如茶叶数量少而且很干燥，也可用防潮性能好的薄膜袋二层包装密封好，放在冰箱中，至少可保存半年基本不变质。

六安瓜片 （七碗清风自六安）

六安瓜片历史悠久。早在《茶经》中就记载有"六安茶"，明代科学家徐光启在其著《农政全书》中记述"六安州之片茶，为茶之极品"。《红楼梦》中亦有提及，在第41回，妙玉烹茶给宝黛钗三人，因林黛玉分不出烹茶的水是雨水还是雪水遭到了妙玉的嘲笑，此中妙玉烹的茶便是六安瓜片了。

品茗最佳季节：夏季
养生功效：清心明目、提神消乏、消暑解渴、降血脂

外形： 单片平展、顺直、匀整，叶缘微翘

色泽： 宝绿、叶披白霜、明亮油润

汤色： 碧绿、清澈明亮

香气： 清香持久

滋味： 鲜醇回甘

叶底： 绿嫩明亮

好山好水好茶

六安瓜片产地独特，其产区地处大别山北麓，碧水长流，云雾缭绕，竹木成林。它不但具备一般茶区气候温润、土壤松软等自然条件；而且还有山高谷深云如海、溪涧遍布湿度大、岩峭坡陡日照短、水土好等特点。茶树天天在云雾滋润之中，不受寒风烈日侵蚀，因而茶叶叶片肥厚，经久耐泡；加之茶区果竹花木相间，多种植物共生，漫射光充足，形成了茶叶的独特品质。

茶颜观色

六安瓜片品质独特，以"壮"叶做片茶，形似瓜子。单片不带梗芽，叶边背卷顺直，色泽宝绿，附有白霜，汤色碧绿，清澈明亮。若冲泡在杯中能浮起一层沫，形似朵朵瑞云，状如金色莲花，清香扑鼻，在中国名茶中独树一帜。

闲品茶汤滋味长

饮时宜小口品啜，让茶汤与舌头味蕾充分接触，细细领略六安瓜片茶的风韵。此时舌与鼻并用，可从茶汤中品出沁人心脾的嫩茶香气。

制茶亦有道

六安瓜片工艺独特，必须采用传统工艺，使用的工具是生锅、熟锅和竹丝帚。炒制时，每次投鲜叶100克左右，翻炒1~2分钟，待叶片变软、色泽变暗时，转至熟锅，边炒边拍，使叶子逐渐成为片状。六安瓜片的颜色、香味之所以与其他茶叶不一样，其奥妙主要在于拉毛火、拉小火、拉老火。

拉火时，均用精选栗炭，每烘笼投叶1000~1500克，烘到八九成干时，拣去劣质茶叶。拉毛火后一天开始拉小火，每笼投叶2500~3000克，火温不宜太高，烘到足干。拉老火时，火焰冲天，两个人抬着烘笼烘上2~3秒钟，抬下翻茶，如此这般，每烘笼茶叶连续翻烘81次，直至叶片绿中带霜，趁热装桶封存。这样，六安瓜片就形成了特殊的色、香、味、形。

选茶不外行

高品质的六安瓜片，其外形平展，每一片不带芽和茎梗，叶呈绿色光润，微向上重叠，形似瓜子，内质香气清高，水色碧绿，滋味回甜，叶底厚实明亮。假茶则味道较苦，色比较黄。

家庭巧存茶

一般家庭购买的茶叶数量很少，保存时可装入有双层盖的马口铁茶叶罐里，最好装满而不留空隙，这样罐里空气较少，有利于保藏。双层盖都要盖紧，用胶布黏好盖子缝隙，并把茶罐装入两层尼龙袋内，封好袋口。

庐山云雾 （幸饮庐山云雾茶，更识庐山真面目）

相传此茶曾由名僧慧远款待过陶渊明，说来也是晋朝的故事了。庐山云雾茶，滋味总是这样，慢慢地浓郁。山，是博大的，这庐山的云雾茶，沾的不是地气，沾的是天气，沾的是山情，宽容、大度，有一是一，绝不隐藏，风火干练，行云流水。

品茗最佳季节：夏季
养生功效：帮助消化、杀菌解毒、防止肠胃感染

外形： 条索紧结、重实、饱满秀丽、多毫

色泽： 碧嫩光滑、芽翠绿

汤色： 清澈明亮

香气： 鲜爽持久、有兰花香

滋味： 醇爽味甘

叶底： 嫩绿微黄

高山云雾出好茶

在古代，与黄山相比，庐山的名气要响得多。历代名人交口赞誉，认为宇内名山，除五岳以外，首推匡庐。庐山种茶，历史悠久。远在汉朝，这里已有茶树种植，到了明代，庐山云雾茶名称已出现在明《庐山志》中，由此可见，庐山云雾茶至少已有 300 余年历史了。

好山好水出好茶，好茶多出在海拔高、温差大、空气湿润的环境中。庐山由于海拔高，冬季来临时经常产生"雨凇"和"雾凇"现象，这种季节温差的变化和强紫外线的照射，恰好利于茶树体内芳香物质的合成，从而奠定了高山出好茶的内在因素。

茶颜观色

庐山云雾茶让人叫绝的特点是：条索清壮、青翠多毫、汤色明亮、叶嫩匀齐。

闲品茶汤滋味长

冲泡后的庐山云雾茶宛若碧玉盛于杯中，香郁持久，醇厚味甘。仔细品尝会发现，它的味道与西湖龙井类似，却比龙井更加醇厚。

茶艺全书：知茶 泡茶 懂茶

制茶亦有道

由于气候条件，庐山云雾茶比其他茶采摘时间较晚，一般在谷雨之后至立夏之间开园采摘。采摘标准为1芽1叶初展，长度不超过5厘米，剔除紫芽、病虫害叶，采后摊于阴凉通风处，放置4~5小时后进行炒制。经杀青、抖散、揉捻、理条、搓条、提毫、烘干、拣剔等工序精制而成。

庐山云雾的加工制作十分精细，手工制作，每道工序都有严格要求，如杀青要保持叶色翠绿；揉捻要用手轻揉，防止断碎；搓条也用手工；翻炒动作要轻。这样才能保证茶的品质优佳。

选茶不外行

选购庐山云雾时，除了根据它特有的品质特征进行挑选外，还要特别注意两点：一是茶叶的干度，二是茶叶的生产日期。购买散装茶时，先用两个手指研茶条，如能研成粉末，说明茶比较干燥；如不能研成粉末，只能研成细片状的，说明茶已经吸湿受潮，这种茶叶不宜购买。购买盒装或密封包装的小包装茶叶时，要特别注意包装上的生产日期，一般六个月以内为好。

家庭巧存茶

塑料袋贮茶法：选用密度高、厚实、强度好、无异味的食品包装袋。庐山云雾茶叶可以事先用较柔软的净纸包好，然后置于食品袋内，封口即可。

热水瓶贮茶法：可用废弃的热水瓶，内放干燥的庐山云雾茶，盖好瓶塞，用蜡封口。

冰箱保存法：将茶装入密度高、强度好、无异味的食品包装袋，然后置于冰箱冷冻室或者冷藏室。使用这种方法保存庐山云雾茶叶的时间长、效果好，但袋口一定要封牢，封严实，否则会回潮或者串味。

茶艺准备

适宜茶具：玻璃杯、瓷器茶具　　　　茶水比例：1（克茶）：50（毫升水）
水温：85℃左右　　　　　　　　　　冲泡方法：盖碗之上投法

备盏候香茶

冲泡技艺

准备：先将水烧至沸腾，等 3~5 分钟即可到最适宜的 85℃左右。取适量庐山云雾茶放入茶则之中备用。

温杯：倒少量热水入盖碗中，温杯润盏。

茶事历历

　　关于古人是怎么冲泡绿茶，明代陈师著《茶考》一书中记载了最早的杯泡绿茶法："杭俗烹茶，用细茗置茶瓯，以沸汤点之，名为撮泡。"这已经说得很清楚了。传统绿茶泡法是用瓷质茶具来冲泡的，因为瓷质茶具最能发挥绿茶的茶性，我们经常可以看到老一辈人端着一个瓷杯在细嗫慢饮，可见一斑。

注水： 注水入盖碗中至七分满。

投茶： 用茶则将干茶轻轻投入盖碗中。

静置： 投茶后将茶静置 3 分钟左右。

品饮： 端起盖碗，品饮茶汤。

冲泡要领： 因庐山云雾茶外形条索紧结粗壮，冲泡时采用上投法较佳。

信阳毛尖 （师河中心水，车云山上茶）

对信阳人来说，一杯上好的信阳毛尖是颇有说头的。"师河中心水，车云山上茶"意思是只有取用来自车云山上的毛尖，并以师河中心的水来冲泡，方能称得上地地道道的信阳毛尖茶。

品茗最佳季节：夏季
养生功效：帮助消化、杀菌解毒、防止肠胃感染

外形： 细秀匀直、白毫显露
色泽： 翠绿

汤色： 黄绿明亮
香气： 清香高长，略有
　　　　熟板栗香
滋味： 鲜浓爽口

叶底： 嫩绿微黄

淮南茶，信阳第一

信阳毛尖是河南省著名土特产之一。相传武则天患病时，御医开出药方用信阳茶为引，药到病除，这位中国绝代女皇心中大悦，赐黄金白银在车云山修建一座千佛塔，以镇妖孽，保茶乡一方平安。宋代大文豪苏东坡品尝信阳茶后，拍案叫绝，称赞"淮南茶，信阳第一"。

1998年10月在杭州召开的国际茶业博览会上，日本著名茶叶专家山西贞女士称"信阳毛尖清香高雅，不仅是中国的名茶，也是当今世界绿茶的珍品"。

茶颜观色

信阳毛尖的色、香、味、形均有独特个性，从外形上看则匀整、鲜绿有光泽、白毫明显。其颜色鲜润、干净，不含杂质。

优质信阳毛尖汤色嫩绿或黄绿、明亮，清香扑鼻；劣质信阳毛尖则汤色深绿或发黄、混浊发暗，不耐冲泡、没有茶香味。

闲品茶汤滋味长

信阳毛尖味道鲜爽、醇香、回甘好。午后困倦时，用它刺激味蕾，且看绿意盎然，振奋精神。

制茶亦有道

信阳毛尖品质好，全在炒中形成。信阳毛尖炒制工艺独特，炒制分"生锅""熟锅""烘焙"三个工序，用双锅变温法进行炒制。随着锅温变化，茶叶含水量不断减少，品质也逐渐形成。

所谓"生锅"就是用细软竹扎成圆扫茶把，在锅中有节奏地反复挑抖，鲜叶"下绵"也就是变软后，开始初揉，并与抖散相结合。反复进行4分钟左右，形成圆条，达四五成干即转入"熟锅"内整形。

"熟锅"开始仍用茶把继续轻揉茶叶，并结合成较松软的散团，待茶条稍紧后，进行"赶条""理条"，"理条"是决定茶叶光和直的关键。"理"至七八成干时出锅，进行"烘焙"；烘焙经初烘、摊放、复火三个程序，即成为品优质佳的信阳毛尖。上等信阳毛尖含水量不超过6%。

选茶不外行

真信阳毛尖：汤色嫩绿、黄绿、明亮，香气高爽、清香，滋味鲜浓、醇香、有回甘。芽叶着生部位为互生，嫩茎圆形、叶缘有细小锯齿，叶片肥厚绿亮。真毛尖无论陈茶、新茶，汤色俱偏黄绿，且口感因新陈而异，但都是清爽的口感。

假信阳毛尖：汤色深绿、混暗，有苦臭气，并无茶香，且滋味苦涩、发酸，入口感觉如同在口内覆盖了一层苦涩薄膜，异味重或淡薄。茶叶泡开后，叶面宽大，芽叶着生部位一般为对生，嫩茎多为方型，叶缘一般无锯齿，叶片暗绿，柳叶薄亮。

家庭巧存茶

密闭冷藏置于干燥无异味处（以冰箱冷藏为佳）。

婺源绿茶 （叶绿、汤清、香浓、味醇）

在赣、皖、浙交界处，有一块绿色的翡翠，那小桥流水边的徽派古建筑、那满目浓郁的青翠、那绿树掩映中的炊烟人家，使这个地方获得了"中国最美的农村"的美誉，这个地方就叫婺源。而在婺源，比"中国最美的农村"的名声更响的，是婺源绿茶。

品茗最佳季节：夏季
养生功效：降血脂、抗衰老、美白

外形：弯曲似眉、翠绿紧结、
　　　银毫披露
色泽：翠绿光润

汤色：清澈明亮
香气：香高持久
滋味：鲜爽甘醇

叶底：嫩匀

历史悠久的绿茶

婺源乡村，家家种茶，人人饮茶。上山采药，下田耕作，都要带上茶筒，而且村间道路还设有茶亭。家里也常用茶待客。

婺源绿茶有着古老而辉煌的历史，《茶经》中就有着"歙州茶生婺源山谷"的记载。婺源茶"宋称绝品"，"明清入贡"；1915年，"协和昌"珠兰精茶，荣获国际"巴拿马万国博览会"金奖。美国威廉乌克斯在所著《茶叶全书》中，称赞婺源绿茶"为中国绿茶品质之最优者。其特征在于叶质柔软细嫩而光滑，水色澄清而滋润"。

茶颜观色

婺源绿茶其外形细紧纤秀，弯曲似眉，挺锋显毫；色泽翠绿光润，条索紧结，银毫披露；冲泡后汤色黄绿清澈，叶底柔嫩，为眉茶中的极品。

闲品茶汤滋味长

通常是先慢喝两口茶汤后，再小呷细细品味，婺源绿茶微苦、清凉、有丝丝的甜味。

狗牯脑 （茗生此中石，玉泉流不息）

狗牯脑是山，狗牯脑亦是茶。狗牯脑山，因其形似狗头而得名；狗牯脑茶，便产自狗牯脑山。

品茗最佳季节：夏季
养生功效：提神醒脑、消食去腻、益肝利肾

悠悠狗牯脑

狗牯脑茶也称为玉山茶，狗牯脑山因茶而出名，而狗牯脑茶则因山而命名。狗牯脑茶鲜叶采自当地群体小叶种，每年清明前后开采，标准为1芽1叶，要求做到不采露水叶，雨天不采叶，晴天的中午不采叶。鲜叶采回后还要进行挑选，剔除紫芽叶、单片叶和鱼叶，最后经过杀青、揉捻、整形、烘焙、炒干和包装六道工序，制成成品绿茶。

外形： 紧结秀丽、芽端微勾、白毫显露
色泽： 黛绿莹润

茶颜观色

狗牯脑茶外形紧结秀丽，条索匀整纤细，颜色碧中微露黛绿，表面覆盖一层细软嫩白的茸毫，莹润生辉。

汤色： 黄绿明亮
香气： 鲜嫩高爽、略带花香
滋味： 清新鲜爽、甘甜沁腑

闲品茶汤滋味长

狗牯脑茶汤清澄略呈金黄色，头泡茶，味道略苦；第二泡茶，除了苦味外，会有隐约的香味慢慢在口中化开，带着丝丝甜意，透着山泉般的自然。苦味咽下，嘴里便留下了几缕香甜，再过片刻，这种香甜便从舌的两侧、牙缝中如泉水般涌来，久久不散。这便是狗牯脑茶的妙处了。

叶底： 黄绿匀整

蒙顶甘露 （若教陆羽持公论，应是人间第一茶）

蒙顶名茶种类繁多，有甘露、黄芽、石花、玉叶长春、万春银针等。其中"甘露"在蒙顶茶中品质最佳。

品茗最佳季节：夏季
养生功效：抗菌、防龋齿、抑制动脉硬化

外形：纤细、身披银毫、叶嫩芽壮

色泽：嫩绿色润

汤色：黄绿明亮

香气：鲜嫩馥郁

滋味：香馨高爽、味醇甘鲜

叶底：黄绿柔软

茶中古旧是蒙山

相传蒙山种茶始于西汉末年，甘露道人吴理真亲手种七株茶于上清峰，"灵茗之种，植于五峰之中，高不盈尺，不生不灭，迥异寻常"，当时被人们称为仙茶，吴理真也在宋代被封为甘露普慧妙济大师。

蒙顶甘露是中国最古老的名茶，被尊为茶中故旧、名茶先驱，是蒙顶山系列名茶之一。"甘露"之意，一是西汉年号；二是在梵语中是念祖之意；三则是茶汤滋味鲜醇如甘露。

茶颜观色

蒙顶甘露紧卷多毫，嫩绿润泽；汤碧而黄，清澈明亮；叶底嫩绿，秀丽匀整。

闲品茶汤滋味长

品饮蒙顶甘露最大的特色是：嫩、鲜、醇。"嫩"指的是蒙顶甘露带着一股春天气息的小草味道；"鲜"是蒙顶甘露自古就以"鲜"名闻天下；"醇"是指相比其他绿茶而言，蒙顶甘露口感更加醇和、略微带甜。

峨眉竹叶青（雪芽近自峨眉得，不减红囊顾渚春）

这样的茶叶名字，舒服、清新、不俗气。它让人可以悠然自得地想象一眼望不到边际的竹林，株株竹竿亭亭玉立、直插云霄，端庄不失仪态、文静温柔不失雅致。

品茗最佳季节：夏季
养生功效：提神益思、生津止渴、消除疲劳

天人合一一杯茶

竹叶青茶与佛家、道教的渊源甚长。茶之兴盛，随世而进。西汉末年，佛教传入中国。因为长时间的坐禅容易使僧徒们疲倦、困顿，而茶因有提神、解乏等功效，因此成为最理想的饮料。

佛文化中凝铸着深沉的茶文化，而佛教又为茶道提供了"梵我一如"的哲学思想，更深化了茶道的思想内涵，使茶道更具神韵。

道家"天人合一"思想是中国茶道的灵魂。品茶无我，我是清茗，清茗即我。高境界的茶事活动，是物我两忘的，一如庄周是蝶，蝶是庄周。而竹叶青正是这样的清茗之一。

外形：扁平光滑、挺直秀丽
色泽：嫩绿油润

茶颜观色

竹叶青外形扁条，两头尖细，形似竹叶；汤色清明；叶底嫩绿均匀。

汤色：嫩绿明亮
香气：清香馥郁
滋味：鲜嫩醇爽

闲品茶汤滋味长

透过浮沉的茶叶，想象一下漫步在静谧的竹林中，或者还可以观看到清晨没有蒸发掉的露珠挂在竹叶上，反射的阳光耀眼晶莹剔透，是不是透过它们可以看到彩虹那边的幸福？

叶底：嫩黄明亮

径山茶 （拼向幽岩觅翠丛，年年小摘携筠笼）

径山产茶历史悠久，始栽于唐，闻名于宋，其深厚的历史文化底蕴和浓郁的茶道色彩，赋予了其无穷的品味。

品茗最佳季节：夏季
养生功效：排毒养颜、促进消化、预防癌症

外形：细嫩、紧结、显毫
色泽：翠绿

汤色：嫩绿明亮
香气：鲜嫩栗香
滋味：甘醇爽口

叶底：细嫩、匀净成朵

日本茶道之源

径山是茶圣陆羽著经之地，据《史书》记载陆羽曾在径山隐居，并在径山植茶、制茶、研茶，著下传世名著《茶经》，而其用来烹茶品茗的"陆羽泉"则仍然是茶人们心中的圣地，这些都为径山茶增添了人文内涵。

而让径山茶闻名于世的其实是径山茶宴和它对日本茶道的影响。径山寺的主殿里有一副对联："苦海驾慈航，听暮鼓晨钟，西土东瀛同登彼岸；智灯悬宝座，悟心经慧典，禅机茶道共味真谛。"妙相庄严的对联在别间寺院也很多见，但能将茶事写进大雄宝殿里的却是少之又少，从此处也能看出茶道在径山寺的非凡地位。

茶颜观色

径山茶外形细嫩紧结显毫，色泽绿翠，汤色嫩绿明亮，叶底嫩匀成朵。

闲品茶汤滋味长

径山茶茶汤入口甘醇爽口，有着江南绿茶特有的清幽和甘香。饮毕，喉间甘润，余香满口，其间滋味，真个是"口不能言，心下快活自省"。

径山茶宴

径山茶宴原属禅院清规的一部分，是禅僧修持和僧堂生活的必修功课，也是佛门禅院与世俗士众结缘交流的重要形式。在宋元时期，禅院的法事法会、内部管理、檀越应接和禅僧坐禅、供佛、起居，无不参用茶事茶礼。

径山茶宴是按照寺院普请法事的程式来进行的，礼仪备至，程式规范，主躬客恭，庄谨宁和，体现了禅院清规和茶艺礼俗的完美结合。如今的径山茶宴是我国古代茶宴礼俗的存续和传承，是径山寺接待贵客上宾时的一种大堂茶会，一般在明月堂主办。明月堂原系南宋初年径山寺高僧大慧宗杲晚年退养之地，轩窗明亮、陈设古朴，是个清风明月诗意盎然的清雅之地。明月堂里置备有茶席，桌子、椅子、各式茶具等，一应俱全。每当有贵客光临，寺里按照传统习俗，用举办茶宴的方式接待客人。

径山茶宴从发茶榜、击茶鼓到谢茶退堂，有十多道程式。径山茶宴对每个举止动作都有具体要求，特别是僧俗之间的礼节有严格详尽的规定，意境清高，程式规范，形成了一整套完善严密的礼仪程式，是中国茶会、茶礼发展历程中的最高形式。在径山茶宴的整个过程中，贯穿着大慧宗杲的"看话禅"，师徒、宾主之间用"参话头"的形式问答交谈，机锋禅语，慧光灵现。以茶论道，以茶播道，是径山茶宴的精髓所在。

径山茶宴是佛教文化、茶文化、礼仪文化在物质和精神上的高度统一，涉及到禅学、茶道、礼俗、茶艺等传统文化领域。径山茶宴影响广泛，意义深远，在我国佛教文化史、茶文化史和礼俗文化史上有着至高地位。

安吉白茶 （月夜茗溪安且吉，碧瓯无意若香桐）

安吉白茶是一种非常特异的茶种，它是在特定的优良生态环境条件下产生的变异茶树，是大自然赐予人类的珍贵物种，是由一种特殊的白叶茶品种中由白色的嫩叶按绿茶的制法加工制作而成的名绿茶。它既是茶树的珍稀品种，也是名贵茶叶的品名。

品茗最佳季节：春夏
养生功效：调节血糖、降低胆固醇、降血压

外形： 条索自然、形为凤羽
色泽： 绿中透黄、色油润

汤色： 杏黄
香气： 馥郁持久
滋味： 鲜爽甘醇

叶底： 黄白似玉、筋脉翠绿

如假包换的绿茶

听名字，很多人会觉得安吉白茶应该归属于白茶类，其实，安吉白茶属绿茶类，名字中的"白茶"与中国六大茶类中的"白茶"是两个概念。白毫银针指由绿色多毫的嫩叶制作而成的白茶；而安吉白茶是采用安吉县特有的珍稀茶树品种——安吉白茶茶树幼嫩的芽叶，按照绿茶的加工工艺制作而成的绿茶。

茶颜观色

安吉白茶外形细秀，形如凤羽，颜色鲜黄活绿，光亮油润；冲泡后茶叶筋脉翠绿，汤色鹅黄、清澈明亮。

闲品茶汤滋味长

抿一小口轻轻浅尝一下，好一个鲜、爽、清、雅、甘，惊奇得要拍案而起，如果看着幽雅的茶叶在杯子里面飘舞的状态，好像是高贵的玉兰花那样的洁白和精致，这样一杯轻灵的茶水，你不想尝尝么？

顾渚紫笋 （牡丹花笑金钿动，传奏吴兴紫笋来）

顾渚紫笋是历史名茶，是上品贡茶中的"老前辈"，早在唐代便被茶圣陆羽论为"茶中第一"，因其鲜茶芽叶微紫，嫩叶背卷似笋壳，故而得名。该茶有"青翠芳馨，嗅之醉人，啜之赏心"之誉。

品茗最佳季节：夏季
养生功效：提神健胃、防龋齿、清肝明目、降血压

首屈一指的贡茶

顾渚紫笋的美名早在唐代就极富盛名。陆羽在《茶经》中写道："阳崖阴林，紫者上，绿者次，笋者上，芽者次"，高度评价了紫笋茶的品质。到了唐代宗时期，顾渚紫笋被列为贡茶。据县志记载：当时，朝廷在顾渚山下设有规模宏大的贡茶院，从事采制的人员在产茶期达到3万人。这座贡茶院也是中国历史上第一座"皇家茶厂"，顾渚紫笋由此源源不断地运往皇宫。"贡品茶"的历史一直延续到明代，长达600多年之久，这在中国名茶中首屈一指。

茶颜观色

极品紫笋茶叶相抱似笋；上等茶芽挺嫩，叶稍长，形似兰花。成品色泽翠绿，银毫明显；茶汤清澈明亮，叶底细嫩成朵。好的顾渚紫笋泡开以后外形依旧保持紧结，完整而灵秀。

闲品茶汤滋味长

冲泡后的顾渚紫笋香气馥郁，茶味鲜醇，回味甘甜，有一种沁人心脾的感觉。

外形： 芽叶相抱、形似兰花
色泽： 翠绿、显白毫

汤色： 明亮清澈
香气： 馥郁
滋味： 甘醇鲜爽

叶底： 细暖嫩绿

开化龙顶 （一叶龙顶羞群芳）

开化龙顶属于高山云雾茶，因其香气清幽、滋味醇爽、品质极优而被评为优秀名茶。

品茗最佳季节：夏季
养生功效：防衰老、防癌、抗癌、杀菌、消炎

外形： 条索紧结挺直
色泽： 银绿隐翠、白毫显露

汤色： 杏绿清澈
香气： 鲜嫩清幽
滋味： 鲜醇甘爽

叶底： 成朵匀齐

无限风光在险峰

钱塘江源头的开化县，是浙、皖、赣三省七县交界的"中国绿茶金三角地区"。境内山如驼峰，水如玉龙。放眼四望，满目苍翠。此地"晴日遍地雾、阴雨满云山"，其绝佳的气候，孕育了白云深处那一丛丛的孤芳——开化龙顶。开化龙顶茶是选用高山良种茶树生长健壮的1芽1叶或1芽2叶为鲜叶原料，经传统工艺精制而成的。

茶颜观色

开化龙顶属于高山云雾茶，其外形紧直挺秀、白毫披露、芽叶成朵。"干茶色绿，汤水清绿，叶底鲜绿"，此三绿为开化龙顶茶的主要特征。

闲品茶汤滋味长

品龙顶茶宜以玻璃杯、用80℃左右开水冲泡（先水后茶）。可见芽尖从水面徐徐下沉至杯底，小小蓓蕾慢慢展开，绿叶呵护着嫩芽，片片树立杯中，栩栩如生，煞是好看。闻其幽香，啜其玉液，甘鲜醇爽，清高醉人。

绿扬春 （藏在深闺人不知）

江南地灵，这方水土，孕育了著名的扬州八怪。而绿扬春却和江南女子一样内秀，很少人知其美、知其媚，新茶秀第一名当属绿扬春。

茶中新贵

对于接触茶不久的人来说，绿扬春这个名字或许不如其他名茶的名声响亮，甚至对这个名字有些陌生。绿扬春只有 20 多年的生产历史，但随着生产工艺不断创新，茶质也不断提升，具有了自己的特色，特别是新茶，汤色和茶叶都绿得诱人。

如今，绿扬春不仅被扬州当地的茶人们所认可，也逐渐被周边地区所接受。在全国茶叶评比中，绿扬春多次获得特等奖，可以说，绿扬春正成为茶中新贵，它完全具备了名茶声名远扬的底气。

外形： 纤细体长、形似新柳
色泽： 翠绿油润

汤色： 清澈明亮
香气： 高雅持久
滋味： 鲜醇

茶颜观色

绿扬春茶形如新柳，翠绿秀气，叶底嫩匀。从客观上说，绿扬春在品质上毫不逊于西湖龙井、碧螺春等名茶，可以说各有特色。

闲品茶汤滋味长

好的绿扬春汤色明亮带有淡淡花香，回甘好，口感不输西湖龙井。

叶底： 嫩绿匀齐

南京雨花茶 （江南佳丽地，金陵帝王都）

雨花茶因产于南京中华门外的雨花台而得名。它外形锋苗挺秀、带有白毫、犹如松针，象征着革命先烈坚贞不屈、万古长青的英雄形象，故定名为雨花茶。此茶颇受江浙人垂青，北方、西南知此茶者不多，因此价格没珍品龙井、碧螺春那么昂贵，珍品千元即可得。

品茗最佳季节：夏季
养生功效：止渴清神、消食利尿、除烦去腻

外形： 纤细修长、形似新柳
色泽： 翠绿油润

汤色： 清澈明亮
香气： 高雅持久
滋味： 鲜醇

叶底： 嫩绿匀齐

多少楼台烟雨中

中外游客到南京这座曾为六朝古都的城市观光，必购的有两件纪念品：一是圆润可爱的雨花石，一是清雅幽香的雨花茶。虽然雨花茶只有60多年的历史，但是南京早在唐代就已种茶，不仅在陆羽的《茶经》中有记载，更有陆羽栖霞寺（南京）采茶的传说为证，今天的栖霞寺后山仍有试茶亭旧迹。至清代，南京种茶范围已扩大到长江南北。

中华人民共和国成立后，当地有关部门重新开始雨花茶的研制工作，并在1959年春创制成功，如今的雨花台辟有一千多亩葱郁碧绿的茶园，雨花茶以其清雅的茶名、独特的品质在我国绿茶中颇具魅力。

茶颜观色

雨花茶以紧、直、绿、匀为其特色。即形似松针，条索紧直，两端略尖，色呈墨绿，茸毫微显，绿透银光。

闲品茶汤滋味长

冲泡后的雨花茶，芽芽直立，上下沉浮，犹如翡翠且清香四溢。品饮一口，滋味醇厚，回味甘甜，沁人肺腑，令人齿颊留芳。

茶艺全书：知茶 泡茶 懂茶

都匀毛尖 （雪芽芳香都匀生，不亚龙井碧螺春）

都匀毛尖茶又叫都匀细毛尖、白毛尖，据史料记载，早在明代，都匀产出"鱼钩茶""雀舌茶"已被列为贡品进献朝廷，现如今在国内外市场都有盛誉，其品质优佳，形可与太湖碧螺春并提，质能同信阳毛尖媲美。

品茗最佳季节：夏季
养生功效：帮助消化、杀菌解毒、防止肠胃感染

黔南三大名茶之一

都匀毛尖产于贵州黔南布依族、苗族侗族自治州的都匀市。以主产区团山乡茶农村的哨脚、哨上、黄河、黑沟、钱家坡所产品质最佳。

这里山谷起伏，海拔千米，峡谷溪流，林木苍郁，云雾笼罩，冬无严寒，夏无酷暑，四季宜人，年平均降水量在 1400 多毫米。加之土层深厚，土壤疏松湿润，土质是酸性或微酸性，内含大量的铁和磷酸盐，这些特殊的自然条件不仅适宜茶树的生长，而且也形成了都匀毛尖的独特风格。

茶颜观色

都匀毛尖色泽翠绿、外形匀整、白毫显露、条索卷曲、汤色清澈、叶底明亮、芽头肥壮。

闲品茶汤滋味长

都匀毛尖茶汤香气清鲜，滋味醇厚，回味甘甜。

外形： 条索紧结、纤细卷曲、披毫
色泽： 绿润

汤色： 清澈明亮
香气： 清高
滋味： 鲜浓、回味甘甜

叶底： 匀整明亮

恩施玉露 (茶中极品)

恩施玉露是中国传统名茶,以其别具一格的品质特色,赢得世人赞赏,屡次被评为名茶。

品茗最佳季节:夏季
养生功效:提神健胃、防龋齿、清肝明目、降血压

外形: 条索紧圆挺直、
      毫白显露
色泽: 苍翠润绿

汤色: 嫩绿明亮
香气: 清高
滋味: 醇和回甘

叶底: 绿亮匀整

古老的制作工艺

恩施玉露是中国保留下来为数不多的一种蒸青绿茶,其制作工艺及所用工具相当古老,与陆羽《茶经》所载十分相似。该茶选用叶色浓绿的1芽1叶或1芽2叶鲜叶经蒸汽杀青制作而成。恩施玉露对采制的要求很严格,芽叶须细嫩、匀齐。日本自唐代从我国传入茶种及制茶方法后,至今仍在采用蒸青方法制作绿茶,其玉露茶制法与恩施玉露大同小异,品质各有特色。

茶颜观色

恩施玉露条索紧细、圆直;外形白毫显露,色泽苍翠润绿,形如松针;汤色清澈明亮,叶底嫩绿匀整。

闲品茶汤滋味长

经沸水冲泡后的恩施玉露,芽叶复展如生,初时婷婷地悬浮杯中,继而沉降杯底,平伏完整;香气清爽,滋味醇和。观其外形,赏心悦目;饮其茶汤,沁人心脾。

老竹大方 （大方里的隽永滋味）

老竹大方，这名字听起来着实透着一股大气，如同书法里中锋运笔，老到、精纯，却又大朴大拙，天真厚重。

品茗最佳季节：夏季
养生功效：提神健胃、醒目解毒、消肥减胖

香醇不过健美茶

由于大方茶自然品质好，吸香能力强，窖成花茶后，颇有特色。大方茶可精制加工窖制成"花大方"，如"珠兰大方""茉莉大方"。花大方还具有名茶风格，花香茶味调和性好，花香鲜浓，茶味醇厚。不窖花的常称为"素大方"，在市场上也颇受欢迎。近年来日本医药界宣称大方茶有减肥健美功效，而冠以"健美茶"之美名。

外形： 扁平匀齐
色泽： 深绿褐润

茶颜观色

大方茶按品质分为顶谷大方和普通大方。顶谷大方为近年来恢复生产的极品名茶，其品质特点是：外形扁平匀齐，挺秀光滑，翠绿微黄，色泽稍暗，满披金毫，隐伏不露；汤色清澈微黄，叶底嫩匀，芽叶肥壮。普通大方色泽深绿褐润似铸铁，形如竹叶，故称"铁色大方"，又叫"竹叶大方"。

汤色： 淡黄
香气： 板栗香
滋味： 浓醇爽口

闲品茶汤滋味长

老竹大方香气高长，浅浅地嚼一口，这老竹大方的滋味，醇厚爽口，却也纯净自然，让人心无挂碍。人生中常有这些茶，你不常喝她，她却一直在那儿，不经意尝了，她一如既往地隽永、美好。老竹大方就是这样一种茶。

叶底： 嫩匀、黄绿

乌龙茶茶艺

品鉴要点

乌龙茶是中国几大茶类中，独具鲜明特色的茶叶品类。乌龙茶由宋代贡茶龙团、凤饼演变而来，创制于 1725 年（清雍正年间）前后。

茶叶特点

乌龙茶又称青茶，属于半发酵茶，外表上看最大的特点就是"绿叶红镶边"。乌龙茶发酵度只有 20% 左右，所以既保留了绿茶的清香甘鲜，适度的发酵又使其具有红茶的浓郁芬芳的优点，取两家之长，从而也博得了更多人的喜爱。

乌龙茶因为产地和品种不同，茶汤颜色从明亮的浅黄色、明黄色到非常漂亮的橙黄色、橙红色。乌龙茶干茶色越绿、发酵程度越轻，茶汤色越浅，反之干茶色越褐绿、褐红、乌润，茶汤色则越深。

茶叶工艺

乌龙茶工序概括起来可分为：萎凋、做青、炒青、揉捻、干燥，其中做青是形成乌龙茶特有品质特征的关键工序，是奠定乌龙茶香气和滋味的基础。

萎凋后的茶叶置于摇青机中摇动，叶片互相碰撞，擦伤叶缘细胞，从而促进酶的氧化作用，茶叶发生了一系列生物化学变化。叶缘细胞的破坏，发生轻度氧化，叶片边缘呈现红色。叶片中央部分，叶色由暗绿转变为黄绿，即所谓的"绿叶红镶边"。

茶香正浓

乌龙茶品尝后齿颊留香，回味甘鲜。

鉴别乌龙茶

优质乌龙茶的特征

外形：乌龙茶条索结实肥重、卷曲。

色泽：砂绿乌润或青绿油润。

香气：有花香。

汤色：橙黄或金黄、清澈明亮。

滋味：茶汤醇厚、鲜爽、灵活。

叶底：绿叶红镶边，即叶脉和叶缘部分呈红色，其余部分呈绿色，绿处翠绿稍带黄，红处明亮。

劣质乌龙茶的特征

外形：条索粗松、轻飘。

色泽：呈乌褐色、褐色、赤色、铁色、枯红色。

香气：有烟味、焦味或青草味及其他异味。

汤色：泛青、红暗、带浊。

滋味：茶汤淡薄，甚至有苦涩味。

叶底：绿处呈暗绿色，红处呈暗红色。

茶叶功效

乌龙茶除了具有提神益思、缓解疲劳、生津利尿、解热防暑、杀菌消炎、解毒防病、消食去腻、减肥健美等保健功效外，降血脂、抗衰老等特殊功效尤为突出。

基本分类

闽北乌龙

武夷岩茶、闽北水仙、武夷肉桂等。

闽南乌龙

安溪铁观音、奇兰、本山乌龙、黄金桂等。

广东乌龙

凤凰单枞、凤凰水仙、饶平乌龙。

台湾乌龙

冻顶乌龙、文山包种等。

名茶冲泡与品鉴

安溪铁观音（未尝甘露味，先闻圣妙香）

因茶与佛有缘，所以自古茶禅一味，以铁观音为首。此茶产于福建，却广为东西南北人所喜爱，真是"千处祈求千处应，苦海常作渡人舟"。当你往茶壶倒铁观音，心里默念茶名时，祈福禳祸尽在其中了。

品茗最佳季节：秋季
养生功效：减肥美容、延缓衰老、降低胆固醇，减少心血管疾病、防治糖尿病

外形： 肥壮圆结、沉重匀整
色泽： 砂绿油润、红点鲜艳

汤色： 金黄明亮
香气： 浓馥持久、富兰花香
滋味： 醇厚甘鲜、回甘悠长

叶底： 软亮、肥厚红边

七泡有余香

泡饮铁观音讲究用功夫茶具，七泡香气不减，兼有红茶之甘醇与绿茶之清香，还伴有兰香，因为铁观音茶山同时也有兰花生长。

紫砂壶最能发挥名茶真味，而且常泡铁观音，不仅宜神，还颇养壶。铁观音有"一经品尝，辄难释手"之说，可见颇耐寻味。

茶颜观色

铁观音是乌龙茶中的极品，其品质特征是：茶条卷曲，肥壮圆结，沉重匀整，色泽砂绿，整体形状似蜻蜓头、螺旋体、青蛙腿。冲泡后汤色金黄浓艳似琥珀。

闲品茶汤滋味长

铁观音有天然馥郁的兰花香，回甘悠久，俗称有"音韵"。品饮铁观音，应呷上一小口含在嘴里，不要马上咽下，舌根轻转，使茶汤在口腔中翻滚流动，然后再慢慢送入喉中。饮量虽不多，但能齿颊留香，喉底回甘，韵味无穷。

制茶亦有道

安溪铁观音的制作综合了红茶发酵和绿茶不发酵的特点,属于半发酵的品种,采回的鲜叶力求完整,然后进行凉青、晒青和摇青。

摇青是制作铁观音的重要工序,通过摇笼旋转,叶片之间产生碰撞,叶片边缘擦伤,从而激活了芽叶内部酶的分解,产生一种独特的香气。就这样转转停停、停停转转,直到茶香自然释放,香气浓郁时进行杀青、揉捻和包揉,茶叶卷缩成颗粒后再进行文火焙干,最后还要经过筛分、拣剔,制成成茶。

选茶不外行

观形:优质铁观音茶条卷曲、壮结、沉重,呈青蒂绿腹蜻蜓头状,色泽鲜润,砂绿显,红点明,叶表带白霜。这是优质铁观音的重要特征之一。

听声:优质铁观音较一般茶叶紧结,叶身沉重,取少量茶叶放入茶壶,可闻"当当"之声,其声清脆为上,声哑者为次。

察色:汤色金黄、浓艳清澈,茶叶冲泡展开后叶底肥厚明亮(铁观音茶叶特征之一叶背外曲),有绸面光泽,此为上,汤色暗红者次之。

家庭巧存茶

一般来说,家庭购买的铁观音基本上是采用了真空压缩,每包7克的包装,并附有外罐的。如果短期(20天之内)就会喝完的,一般只需放置在阴凉处,避光保存即可。如果想达到保存的最佳效果,建议在冰冻箱里 -5℃保鲜,以半年内喝完为佳。

茶艺准备

适宜茶具：紫砂壶、盖碗　　　　茶水比例：1（克茶）：20~25（毫升水）

水温：100℃沸水　　　　　　　冲泡方法：盖碗冲泡

备盏候香茶

冲泡技艺

准备： 将足量水烧至沸腾。将适量铁观音拨入茶荷中备用。

冲泡要领： 用盖碗冲泡铁观音优点是简单、易操作，缺点是瓷器传热快，容易烫手。建议初学者还是用紫砂壶冲泡为宜。

温杯： 注入热水温烫盖碗，并将盖碗中的水倒入公道杯中，再将水倒入品茗杯中温杯。

投茶：用茶匙将茶荷中的茶拨入盖碗中，投茶约平铺杯底略厚一些。

冲泡：高冲水，冲至茶汤刚溢出杯口。

润茶：将烧好的开水冲入盖碗中，并将盖碗中水迅速倒入公道杯，再将公道杯中的水倒入品茗杯，最后将品茗杯中的水倒入茶盘。

冲泡要领：投茶后，可盖上杯盖，拿起盖碗摇晃，然后可掀开杯盖闻干茶的香气。

刮沫：用杯盖刮去杯口漂浮的白泡沫，使茶汤清新洁净。再用开水冲掉杯盖上的浮沫，盖好杯盖。

出汤：泡 1~2 分钟后将盖碗中的茶倒入公道杯中。

分茶：把茶水依次巡回注入各茶杯巡回分茶，使每杯茶汤浓淡一致，即关公巡城，再把茶汤精华依次点到各个茶杯中，称为韩信点兵。

茶事历历

在分茶汤时，为使各个小茶杯浓度均匀一致，使每杯茶汤的色泽、滋味尽量接近，做到平等待客、一视同仁。为此，先将各个小茶杯，或"一"字，或"品"字，或"田"字排开，采用来回提壶洒茶，称之为"关公巡城"。

又因为留在茶壶中的最后几滴茶往往是最浓的，是茶汤的精华部分，所以要分配均匀，以免各杯茶汤浓淡不一。将茶壶中留下的几滴茶汤一一滴入到每个茶杯中，称为"韩信点兵"。

观音梦送茶

清朝乾隆年间，安溪西坪上尧乡松林头村，有一位老茶农叫魏饮，制得一手好茶，他每日晨昏泡茶三杯供奉观音菩萨，十多年来，从不间断，可见礼佛之诚。

一天夜里，魏饮梦见在山崖上有一株透着兰花香味的茶树，正想采摘时，一阵狗吠把好梦惊醒。第二天起床后，他立即去屋后山崖，寻找那株茶树，果然在崖石上发现了一株与梦中一模一样的茶树。于是采下一些芽叶，带回家中，精心制作，然后烧水泡茶。顿觉浓郁的花香扑鼻，茶味甘醇鲜爽，精神为之一振。

魏饮认为这是茶中之王，决心用压条方法进行繁殖。他先把茶苗种在家中的几个铁锅里，经过三年之后，茶树长得枝叶茂密，采下茶叶精工制作，果然品质依旧，香味浓郁。他把这些茶叶密藏于罐中，每逢贵客临门，便泡茶待客，品尝过的人个个称赞不已。

一天，有位塾师尝过此茶后，觉得香味特殊，问是哪里来的。魏饮就将梦中见宝茶的事说了一遍，塾师认定这茶一定是观音托梦所赐，用铁锅栽种，茶叶重实如铁，于是想了想对魏饮说，这茶美如观音重如铁，又是观音托梦所获，就叫它"铁观音"吧，魏饮连声叫好。一传十，十传百，铁观音从此就名扬天下了。

冻顶乌龙 （品味清清茶香）

冻顶乌龙茶品质优异，在台湾茶市场上居于领先地位。据说是因冻顶山迷雾多雨，山路崎岖难行，上山的人都要绷紧脚趾(台湾俗称"冻脚尖")才能上得去，这即是冻顶山名的由来，茶亦因山而名。

外形：条索紧结、匀整，卷曲成半球

色泽：墨绿油润

汤色：橙黄透亮

香气：清香持久

滋味：浓醇甘爽

叶底：绿叶红镶边

南冻顶　北文山

冻顶乌龙茶是台湾包种茶的一种，包种茶按外形不同可分为两类，一类是半球形包种茶，以冻顶乌龙茶为代表；一类是条形包种茶，以文山包种茶为代表。有"南冻顶、北文山"之美誉。所谓"包种茶"，其名源于福建安溪，当地茶店售茶均用两张方形毛边纸盛放，内外相衬，放入茶叶4两，包成长方形四方包，包外盖有茶行的唛头，然后按包出售，称之为"包种"。

茶颜观色

冻顶乌龙外观紧结，呈条索状，墨绿色带有光泽；茶汤清澈，呈蜜黄色，耐冲泡。

闲品茶汤滋味长

冻顶乌龙入口圆滑甘润，饮后口颊生津、喉韵幽长。初品和一般优质乌龙茶并无二样，最多只是味道更醇厚一点而已，但随着茶汤入喉，甘爽、芳香的滋味便马上升腾而起，回荡在整个口腔、脏腑，让人越喝越觉得妙不可言，所以，冻顶乌龙茶有越喝越上瘾的说法。

制茶亦有道

冻顶乌龙制作过程分初制与精制两大工序。初制以做青为主要程序。做青经轻度发酵，将采下的茶青在阳光下暴晒 20~30 分钟，使茶青软化，水分适度蒸发，以利于揉捻时保护茶芽完整。萎凋时应经常翻动，使茶青充分吸氧产生发酵作用，待发酵到产生清香味时，即进行高温杀青。随即进行整形，使条状定型为半球状，再经过风选机将粗、细、片完全分开，分别送入烘焙机高温烘焙，以减少茶叶中的咖啡碱含量。

选茶不外行

优质冻顶乌龙茶色泽墨绿鲜艳并有灰白点状的青蛙皮斑，条索紧结弯曲；叶底边缘有红边，叶中部分呈淡绿色；冲泡后汤色呈橙黄色。有明显清香，近桂花香。汤醇厚甘润，回甘强。

次品色泽带黄或呈黑褐色、形状粗松或稍弯而不卷曲；叶底边缘无红色，叶有断碎，或呈暗褐色多者；冲泡后汤色暗黄。汤味缺乏甘醇且带苦涩，回甘弱。不耐冲泡。

家庭巧存茶

保存冻顶乌龙茶最基本的要求是干燥和低温（一般 0~5℃），夏季可以将密封好的冻顶乌龙放入冰箱内保存。如果不放入冰箱，可以放在干燥阴凉处保存。保存冻顶乌龙的容器以锡瓶、瓷坛、有色玻璃瓶为佳，塑料袋和纸盒的保存效果则较差。

茶艺准备

适宜茶具：紫砂壶、盖碗 　　　　茶水比例：1（克茶）：20~25（毫升水）

水温：100℃沸水 　　　　　　　冲泡方法：壶泡法

备盏候香茶

冲泡技艺

准备： 先将足量水烧至沸腾。将适量冻顶乌龙拨入茶荷中。

温具： 向壶中注入沸水温壶，温公道杯，用茶夹温闻香杯后，将水倒入品茗杯。

投茶：将茶漏放在壶口，用茶匙把茶荷中的干茶轻轻拨入紫砂壶中。

润茶：冲水入壶。再迅速将水倒入公道杯中。

冲泡：再冲水入壶至茶汤溢出。

刮沫：用壶盖向内轻轻刮去壶口表面处的浮沫，并盖好壶盖。

淋壶：将公道杯中的茶汤淋于壶身。

温杯：将温品茗杯的水倒入茶盘，用茶巾拭净，并放回原处。

出汤： 淋壶后约30秒将茶汤倒入公道杯中，控净茶汤。

分茶： 将公道杯内的茶汤均匀分到每个闻香杯中。

扣杯： 将品茗杯扣到闻香杯上。双手食指抵闻香杯底，拇指按住品茗杯快速翻转。

敬茶： 双手持杯托将泡好的茶奉给客人。

闻香： 拿起闻香杯将茶汤倒入品茗杯中，双手持闻香杯闻香。

品饮： 品茶。

冻顶乌龙的传说

相传在100多年前，台湾省南投县鹿谷乡中，住着一位勤奋好学的青年，名叫林凤池，他听说福建省要举行科举考试，就很想去试试，可是家境贫寒，缺少路费，不能成行。乡亲们喜欢林凤池为人正直、有学识、有志气、有抱负，得知他想去福建赴考，纷纷慷慨解囊，给林凤池凑了足够的路费。临行时乡亲们又到海边送行，林凤池非常感动，暗暗下定决心，一定要为乡亲们争光。

不久，林凤池果然金榜题名，考上了举人并在县衙内就职。一天，林凤池决定回台湾探亲，在回台湾前邀同僚一起到武夷山一游。上得山来，只见"武夷山水天下奇，千峰万壑皆美景"，山上岩间长着很多茶树，又听说树上的嫩叶做成乌龙茶，香高味醇，久服有明目、提神、健胃强身等作用，于是便向当地茶农购得茶苗36棵，精心带土包好，带到了台湾省南投县。

乡亲们见凤池衣锦还乡，又带来福建祖家传种的乌龙茶苗，格外兴奋。他们推选几位有经验的老农，把36棵茶苗种植在附近最高的冻顶山上，并派专人精心管理。台湾气候温和，茶苗棵棵成活，接着人们按照林凤池介绍的方法，采摘芽叶，加工成了乌龙茶。这茶说来也怪，山上采制，山下就闻到了清香，而且喝起来清香可口、醇和回甘、气味奇异，成为乌龙茶中风韵独特的佼佼者，这就是现今台湾省冻顶乌龙茶的由来。

武夷大红袍（溪边奇茗冠天下，武夷仙人从古栽）

武夷大红袍，是中国名茶中的奇葩，有"茶中状元"之称，更是岩茶中的佼佼者，堪称国宝。在早春茶芽萌发时，从远处望去，整棵树艳红似火，仿佛披着红色的袍子，相传这也就是此茶得名大红袍的原因。

品茗最佳季节：秋季
养生功效：明目益思、瘦身、抗衰老、抗癌防癌、降血脂、降血压

外形： 条索匀整、壮实
色泽： 绿褐鲜润

汤色： 金红清澈
香气： 桂花香
滋味： 甘泽清醇

叶底： 软亮、边红中绿

真假大红袍

很多人以为所谓真正的大红袍，就只是指大红袍母树所产的茶。九龙窠峭壁上仅有的 6 株大红袍是稀世珍宝，原来仅允许每年春季采摘一次，2006 年开始休采。因此现在市面上买到的大红袍茶，根本就没有从母树上采下的。

尽管如此，并不意味着我们现在喝的大红袍茶是假的。人们运用无性繁殖的方式，已成功地发展了数百亩与母树同样性状特征的大红袍茶。只要具备与母本同样的性状特征，不管是二代、三代，甚至二十代，都与母本有同样的特征。因此，所有从母本繁殖的大红袍茶，都是真的大红袍茶。

茶颜观色

大红袍干茶外形条索紧结，色泽绿褐鲜润，冲泡后汤色橙黄明亮，叶片红绿相间，典型的叶片有绿叶红镶边之美感。

闲品茶汤滋味长

大红袍滋味醇厚，有着特殊的"岩韵"。品饮时要啜吸，即把杯子放在嘴边，和着一些空气吸进口腔，让空气带动茶汤在口腔翻滚，这样能更好地感受"不如仙山一啜好，冷然便欲乘风飞"的意境。

制茶亦有道

武夷岩茶工艺独到，特别是大红袍制作工艺复杂，时间冗长。传统的工艺有倒（也叫晒）、晾、摇、抖、撞、炒、揉、初焙、簸、捡、复火、分筛、归堆、拼配等十多道工序。关键是制茶师傅要会"看青做青""看天做青"，这是电脑也难以为之的。

随着产业化、集约化的发展，武夷山茶厂大多已改用机器制茶，但是其机制原理仍和传统工艺相承、相通。

选茶不外行

大红袍色呈黑红，比铁观音色重，外形条索肥壮、紧结、匀整、带扭曲条形；冲泡后滋味醇厚回苦，入口清爽，汤色橙黄，清澈艳丽；叶底匀亮，边缘朱红或起红点，中央叶肉黄绿色，叶脉浅黄色。大红袍品质最突出之处是香气浓郁，高而持久，"岩韵"明显。大红袍很耐冲泡，冲泡七八次仍有余香。假茶开始冲泡就味淡，欠韵味，色泽枯暗。

家庭巧存茶

准备长期保存的大红袍不开封，再加一两层纸箱包装，封口处用胶带纸密封，置于干燥阴凉处。大红袍茶的条索肥壮易碎，不宜使用真空包装，一般采用硬质包装，内袋用铝箔袋或者塑料袋包装比较好。每次取茶后，要将袋口扎紧，避免茶叶的香气受损，或者买些密封性能好的不锈钢茶叶罐或锡罐存放。

茶艺准备

适宜茶具：紫砂壶、盖碗　　茶水比例：1（克茶）：20~25（毫升水）

水温：100℃沸水　　冲泡方法：壶泡法

备盏候香茶

冲泡技艺

准备： 先将足量水烧至沸腾。将适量大红袍拨入茶荷。

温杯： 向壶中注入沸水温壶。将温壶的水倒入公道杯中，温公道杯。再将公道杯中的水倒入品茗杯中，温品茗杯。

投茶：将茶漏放在壶口处，用茶匙将大红袍拨入壶中。

润茶：倒入半壶开水，并迅速将润茶的水倒入公道杯中。

冲泡：高冲水至满壶，直到茶汤刚刚溢出壶口。

刮沫：用壶盖轻轻刮去壶口漂浮的浮沫，盖好壶盖。

冲泡要领

1. 在投茶的壶口放置茶漏，目的是防止茶叶外溢。

2. 润茶时，水要快进快出，一般来说，润茶时间不宜超过 10 秒，5 秒内出水为佳。基本原则是宁淡勿浓，先淡后浓，依此方法冲泡，基本上就能冲泡出大红袍的韵味。

3. 武夷岩茶的冲泡讲究的是高冲水低斟茶，目的是为了让所投的岩茶充分浸泡。每次泡茶出水一定要透彻，否则会影响下一泡的茶汤。

淋壶： 用公道杯内的茶汤淋壶。

温杯： 将温杯的水倒入茶盘中，并将品茗杯放回原处。

出汤： 淋壶后约半分钟，将泡好的茶汤倒入公道杯中。

分茶： 将公道杯中的茶汤均匀地分到每个品茗杯当中。

茶艺全书：知茶 泡茶 懂茶

大红袍茶名的由来

相传古时有位秀才进京赶考，路过武夷山时因饱受风寒，腹涨如鼓，病倒在路上，生命垂危。巧遇天心寺老方丈下山化缘，便叫人把他抬回寺中，见他脸色苍白，体瘦腹胀，就将九龙窠采制的茶叶用沸水冲泡给秀才喝。秀才连喝几碗，就觉得腹胀减退，如此几天基本康复，便拜别方丈说："方丈见义相救，小生若今科得中，定重返故地谢恩。"

后来，秀才果然高中状元，并蒙皇帝恩准直奔武夷山天心寺，拜见方丈道："本官特地来报方丈大恩大德。"方丈说："这不是什么灵丹仙草，而是九龙窠的茶叶。"状元深信神茶能治病，打算带些回京进贡皇上。此时正值春茶开采季节，老方丈帮助状元了却心愿，带领大小和尚采茶制茶，并用锡罐装好茶叶由状元带回京师，此后状元派人把天心寺庙整修一新。

谁知状元回到朝中，又遇上皇后得病，百医无效，状元便取出那罐茶叶献上，皇后饮后身体渐康。皇上大喜，赐红袍一件，命状元亲自前往九龙窠披在茶树上以示龙恩，同时派人看营，年年采制，悉数进贡，不得私匿。从此，这三株大红袍就成为贡茶，朝代有更迭，但看守大红袍从未间断过。

武夷肉桂（醇不过水仙，香不过肉桂）

武夷肉桂，又称玉桂，由于它的香气滋味似桂皮香，所以在习惯上称"肉桂"，是武夷名枞之一。

外形： 条索匀整、紧结、壮实
色泽： 青褐鲜润

汤色： 橙黄清澈
香气： 桂皮香
滋味： 鲜滑甘润

叶底： 黄亮、红边显

当家品种话肉桂

肉桂一说原产慧苑岩，一说原产马振峰。但不管如何，此茶为武夷原生树种无疑。20世纪60年代以来，由于其品质特殊，逐渐为人们认可，种植面积逐年扩大，现已发展到武夷山的水帘洞、三仰峰、马头岩、桂林岩、天游岩、仙掌岩、响声岩、百花岩、竹窠、碧石、九龙窠等地，并大力繁育推广，20世纪80年代以来屡获国家级名茶殊荣，现已成为武夷岩茶中的当家品种。20世纪90年代后武夷岩茶跻身于中国十大名茶之列，主要也是依靠它的奇香异质。正因为肉桂的香气特别强劲，胜过其他品种岩茶，所以又有人形容肉桂的香"霸气十足"。

茶颜观色

武夷肉桂干茶外形条索匀整卷曲，色泽褐绿，油润有光，嗅之有甜香；茶汤橙黄清澈，叶底匀亮，呈淡绿底红镶边，冲泡六七次仍有"岩韵"的肉桂香。

闲品茶汤滋味长

冲泡后的武夷肉桂茶汤具有奶油、花果、桂皮般的香气，入口醇厚，回甘很快，咽后齿颊留香。

制茶亦有道

武夷肉桂须选择晴天采茶，等新梢伸育成驻芽顶叶中开面时，采摘二三叶，俗称"开面采"。不同地形、不同级别的新叶，应分别付制，采取不同的技术和措施。现今武夷肉桂的制作，仍沿用传统的手工做法，鲜叶经萎凋、做青、杀青、揉捻、烘焙等十几道工序。鲜叶萎凋适度，是形成香气滋味的基础，做青是岩茶品质形成的关键。做青时须掌握重萎轻摇、轻萎重摇、多摇少做、先轻后重、先少后多、先短后长、看青做青等十分严格的技术程序。近年来做青多以滚筒式综合做青机进行。

选茶不外行

目前武夷山市场上的肉桂成品茶，有浓香型和清香型两种。浓香型即是传统型，重发酵足火功；干茶外观色泽较深较黑；冲泡后的茶汤金黄带红，有焦糖味，香气沉郁持久。清香型则在传统工艺上进行一些改进，突出了肉桂的香气；冲泡后茶汤颜色淡黄，香气纯粹，特浓特锐。

家庭巧存茶

保存武夷肉桂最基本的要求是干燥和低温，温度一般控制在0~5℃，可以较长时间保持原香。可以将密封好的武夷肉桂放入冰箱内保存，如果不放入冰箱，则需放在干燥阴凉处。

闽北水仙（一叶赢得万户春）

闽北水仙是乌龙茶类之上品。作为闽北乌龙茶中两个花色品种之一，品质别具一格，"水仙茶质美而味厚""果奇香为诸茶冠"。在半发酵的乌龙茶类中，能与铁观音匹敌的就是闽北水仙了。

品茗最佳季节：秋季
养生功效：减脂、降低胆固醇

外形：条索紧结，传统为形茶，现在有颗粒状茶

色泽：砂绿油润

汤色：橙黄清澈

香气：浓郁鲜锐、兰花香

滋味：醇厚回甜

醇不过水仙

闽北水仙的成品干茶有一股幽柔的兰花香，有的则带乳香和水仙花香。但无论何种香型，都带有轻甜味。沸水冲泡之后，香味更为明显和悠长。不过，水仙茶的最大优点是茶汤滋味醇厚。武夷山茶区素有"醇不过水仙，香不过肉桂"的说法。

茶颜观色

闽北水仙成茶条索沉重，叶端扭曲，色泽油润暗砂绿，呈"青蛙腿"状；汤色清澈橙黄，叶底厚软黄亮，叶缘朱砂红边或红点，即"三红七青"。

闲品茶汤滋味长

闽北水仙香气浓郁，滋味清醇回甘，品饮时可以好好感受那有着大家闺秀般温文尔雅的兰花香。

叶底：黄绿、显红边

制茶亦有道

闽北水仙的春茶采摘在每年的谷雨前后进行，采摘驻芽第三、第四叶。制茶过程与一般乌龙茶基本相似，采用萎凋、做青、杀青、揉捻、初焙、包揉、足火等几道工序。由于水仙叶肉肥厚，做青时必须根据叶厚水多的特点，以"轻摇薄摊，摇做结合"的方法灵活操作。在全部工艺中，包揉工序为做好水仙茶外形的重要工序，优质的水仙茶讲求揉至适度，最后以文火烘焙至足干。

选茶不外行

闽北水仙与其他水仙的区别在于：条索较紧结，叶端稍扭曲，色泽较油润，间带砂绿蜜黄，叶主脉宽黄扁；叶底欠肥厚，但软黄亮、较匀整，绿叶红镶边较明显。

家庭巧存茶

可将密封好的水仙放在干燥阴凉处保存。

武夷铁罗汉 （岩岩有茶，非岩不茶）

铁罗汉是武夷山最早的名枞，以福建武夷山慧苑内鬼洞的名枞铁罗汉鲜叶制成的乌龙茶，采制工艺与大红袍类似，香气馥郁悠长，多次冲泡有余香。

品茗最佳季节：秋季
养生功效：帮助消化、杀菌解毒、防止肠胃感染

外形：条索匀整、紧结
　　　　粗壮
色泽：乌褐、红斑显

汤色：橙红明亮
香气：浓郁鲜锐
滋味：浓醇

叶底：软亮微红

武夷名枞它最早

相传宋代已有铁罗汉名，为最早的武夷名枞。主要分布在武夷山内山（岩山）。20世纪80年代以来，武夷山市已扩大栽培。由于铁罗汉树长在岩石间，使得它的成分及滋味特别，从元明以来为历代皇室贡品。其单枞加工成品质特优的"名枞"，各道工序全部由手工操作，以精湛的工艺特制而成，成品香气浓郁，滋味醇厚，有明显"岩韵"特征，饮后齿颊留香，经久不退，冲泡9次犹存原铁罗汉的桂花香真味，被誉为"武夷铁罗汉王"。

茶颜观色

铁罗汉干茶色泽绿褐、油润带宝色，条索粗壮、紧结匀整，乍看似水仙。冲泡后汤色清澈艳丽，呈深橙黄色；叶底软亮匀齐，红边带朱砂色。

闲品茶汤滋味长

铁罗汉入口很淡，淡中有一点点涩，就像抿着一口香气，涩味推到舌根，微微有些苦，咽下去，滋味消失，然后慢慢地回泛上来清甜的感觉。

白鸡冠 （武夷奇茗冠天下）

如果有茶友邀你到茶庄"煮鸡汤喝"，你可别太惊奇，也别想着真的能喝上鲜美的鸡汤。因为，此鸡汤非彼鸡汤，实乃武夷四大名枞之一的白鸡冠。之所以有煮鸡汤一说，是因为这种茶的喝法与现今流行的盖碗冲泡不同，需要的是文火煮，才能体现其真味。

品茗最佳季节：秋季
养生功效：以茶调气、行气通脉

武夷山唯一的"道茶"

白鸡冠作为武夷岩茶四大名枞（大红袍、铁罗汉、白鸡冠、水金龟）之一，因产量稀少，一直被蒙上一层"犹在深闺人未识"的神秘面纱。相对于武夷山天心寺发源的"佛茶"大红袍，白鸡冠是武夷山唯一的"道茶"。武夷山在道家眼里是三十六洞天的第十六洞天，白鸡冠正是以其独特的调气养生功效成就了第十六洞天"道茶"之尊的地位，从而登上四大名枞的金榜。

茶颜观色

白鸡冠干茶有淡淡的玉米清甜味，条索较紧结，一部分是黄绿色，一部分嫩得呈砂绿，可以见到红点。

闲品茶汤滋味长

白鸡冠茶一泡香气菲微，鼻端习习，微有淡淡烟草味，入口甘淡、滑软，稍有津、韵味佳；二泡香蕴藉，口喉间气味丰润，胸腹间有一股平和之气，行遍周身，令人全身温暖起来；三泡香味竟不减，汤色淡黄清亮，水中仍有余香，引人遐思。

外形： 条索紧结
色泽： 绿里透红

汤色： 橙黄明亮
香气： 悠长
滋味： 醇厚、齿颊留香

叶底： 嫩匀，红边显现

水金龟（岩骨花香，回味悠长）

水金龟是武夷四大名枞之一，产于武夷山区牛栏坑杜葛寨峰下的半崖上。水金龟有铁观音之甘醇，又有绿茶之清香，有鲜活、甘醇、清雅与芳香等特色，是茶中珍品。

品茗最佳季节：秋季
养生功效：明目益思、抗衰老

外形：条索肥壮、自然松散
色泽：绿褐油润呈宝色

汤色：橙黄清澈
香气：悠长清远、似腊梅花香
滋味：浓厚甘鲜、润滑爽口

叶底：肥厚匀齐，红边带朱砂色

梅花香自"岩骨"来

第一次接触水金龟的人会很喜欢它的柔顺，有一种特别的甘爽鲜活，岩茶的"岩骨花香"它得到的最多，其香气和大部分岩茶的兰花香不同，最值得赞赏的是它的那股腊梅花香。腊梅花香重在一个"清"字，有琉璃世界白雪红梅的烂漫，又有俏也不争春、只把春来报的庄重，那来自天地之间苦寒磨砺傲骨天成的几分清高，总令人咂舌回味，婉转悠长。

茶颜观色

水金龟干茶外形条索肥壮，自然松散，色泽青、褐，润亮呈"宝光"，因茶叶浓密且闪光模样宛如金色之龟而得此名。冲泡后汤色橙黄清澈，叶底肥厚匀齐，红边带朱砂色。

闲品茶汤滋味长

水金龟一泡至六泡都有很强烈的岩骨花香，冲泡出来需趁热品饮。那香气很冲，啜一小口便满口留芳，之后回甘绵绵不绝。如果一至六泡冷却之后饮之，入口有涩，随之回甘，喉底浮上香味来，满身舒坦，精神倍增。

水金龟的传说

相传古时的某一天，飘泼大雨刚停，磊石寺里的一个和尚便出来巡山。他举目四望，突然间眼睛一亮，看到兰谷岩的半岩上有一簇碧绿茶枞，绿光闪闪，像是一只大金龟趴在岩壁间的坑边喝水。这和尚在磊石寺修行多年，对寺周一草一木都了如指掌，突然间眼前多出这么一丛碧绿生辉的东西，着实令他惊喜。他小心翼翼地拄着竹竿，慢慢走近去看，越走近看得越分明，原来是下雨时从山上冲下来一棵茶树。这棵茶树与其他茶树不同，那张开的枝条错落有致，近看像龟甲上的条纹，远看茶树的绿叶厚实浓密，油光发亮，像一只大金龟。和尚越看越爱，赶紧跑回寺里向方丈禀报。老方丈闻讯后急令巡山的和尚去击鼓鸣钟，召集全寺人员，并告诉大家："上天给我们送来金枝玉叶，快穿上袈裟，列队去迎宝。"

于是，全寺和尚跟着方丈燃烛焚香，念着佛经来到牛栏坑，向从天而降的茶树行礼参拜，并搬来砖石，在茶树周围砌上茶座，其后每天派人轮流看护。老金龟从天上一到人间便受到和尚们的礼遇，心中自然高兴。为了报答和尚的盛情，老金龟所变的茶树越长越旺，其绿叶如碧玉，阳光一照金光闪闪，活像一只大金龟，故被命名为"水金龟"。不久，"水金龟"便从武夷岩茶诸多名枞中脱颖而出，成为磊石寺添财进宝的一株"宝树"。

永春佛手 （品茗未敢云居一，雀舌尝来忽羡仙）

在福建乌龙茶中，永春佛手不是一个大品种，却能以其甘醇清舒的感官之美，以及宽胃通气的特殊保健功效而独树一帜，得到越来越多人的喜爱。

品茗最佳季节：秋季
养生功效：提神醒脑、开胃健脾、减肥、降血脂

外形： 肥壮重实、呈耗干状
色泽： 砂绿油润

汤色： 橙黄明亮
香气： 馥郁悠长，近似香橼香
滋味： 甘醇

叶底： 柔软黄亮

佛手茶的由来

茶叶以佛手命名，不仅因为它的叶片和佛手柑的叶子极为相似，而且因为制出的干毛茶冲泡后散发出如佛手柑所特有的奇香。

相传很久以前，闽南骑虎岩寺的一位和尚，天天以茶供佛。有一日，他突发奇想：佛手柑是一种清香诱人的名贵佳果，要是茶叶泡出来有佛手柑的香味多好啊！于是他把茶树的枝条嫁接在佛手柑上，经精心的培植，终获成功，这位和尚高兴之余，把这种茶取名"佛手"，并在清康熙年间传授给永春师弟，附近茶农竞相引种得以普及，有文字记载：僧种茗芽以供佛，嗣而族人效之，群踵而植，弥谷被岗，一望皆是。

茶颜观色

佛手茶条紧结肥壮、卷曲，色泽砂绿乌润，耐冲泡，汤色橙黄清澈。

闲品茶汤滋味长

冲泡后的永春佛手茶滋味醇厚、回味甘爽，就像屋里摆着几颗佛手、香橼等佳果所散发出来的绵绵幽香，沁人心腑。

黄金桂 （色如黄金，香如桂花）

黄金桂是以黄旦品种茶树嫩梢制成的乌龙茶，因其汤色金黄，有桂花般的奇香，故名黄金桂。

品茗最佳季节：秋季
养生功效：提神醒脑、醒酒消暑、开胃健脾、减肥、降血脂

先闻透天香

黄金桂香气特别高，所以在产区被称为"清明茶""透天香"，有"一早二奇"之誉。早，是指萌芽得早，采制早，上市早；一奇是指成茶的外形"细、匀、黄"，条索细长匀称，色泽黄绿光亮；二奇指内质"香、奇、鲜"，即香高味醇，奇特优雅，因而有"未尝清甘味，先闻透天香"之称。

外形： 紧细卷曲、匀整
色泽： 金黄油润

茶颜观色

黄金桂干茶条索紧细，色泽润亮；冲泡后汤色金黄明亮，叶底中央黄绿，边沿朱红，柔软明亮。

汤色： 金黄明亮
香气： 幽雅鲜爽
滋味： 清醇鲜爽

闲品茶汤滋味长

黄金桂冲泡片刻后可闻香，茶汤鲜醇爽口，饮后稍有回甘。

叶底： 黄绿色、红边明显、柔软明亮

凤凰单枞（八仙茶）

　　凤凰单纵茶千姿百媚，具有丰韵独特的品质，是由历代茶农沿用传统的工艺，精心制作而成。凤凰茶属于独特的潮州"工夫茶"，是"潮人习尚风雅，举措高超"的象征，也形成了很有特色的潮州茶文化。

品茗最佳季节：秋季
养生功效：提神益思、生津止渴、消滞祛腻、减肥美容

外形：挺直肥硕
色泽：黄褐油润

汤色：深黄明亮
香气：浓郁花香
滋味：甘醇爽口

宋种 1 号凤凰茶

　　宋种 1 号是凤凰茶区现存最古老的一株茶树，生长在海拔约 1150 米的乌岽李仔坪村，树龄在 600 年以上。该株系已经有批量扦插繁殖，形成宋种 1 号的无性繁殖后代。茶枞韵味独特，回甘力强，耐冲泡，是单枞中的佼佼者。清明后采摘，制成毛茶后，精制需 15 天左右，经退火熟化才可上市。

茶颜观色

　　凤凰单枞干茶条索粗壮，匀整挺直，色泽黄褐，油润有光，并有朱砂红点；冲泡后汤色清澈黄亮，叶底边缘朱红，叶腹黄亮，素有"绿叶红镶边"之称。

闲品茶汤滋味长

　　凤凰单枞的品饮要分三口进行，"三口方知味，三番才动心"，茶汤的鲜醇甘爽，令人回味无穷，具有独特的山韵品格。

叶底：绿腹红边

文山包种 （露凝香，雾凝春）

文山包种茶历史悠久，是台湾北部茶类代表。目前台湾所生产的包种茶以台北文山地区所产制的品质最优、香气最佳，所以习惯上称之为"文山包种茶"。

品茗最佳季节：秋季
养生功效：消除疲劳、利尿解酒、降血脂、防止血管硬化

辨识上等包种茶

判断文山包种茶的好坏可依香味、外观、茶色三项标准判断。香味又可分香气和滋味两项。香气优雅清香，飘而不腻，入口穿鼻一而再三者为上乘，滋味新鲜无异味，入口生津，落喉干润，余韵无穷。外观又分形状与色泽，形状条索紧结，叶尖卷曲自然，色泽呈油光墨绿色，带青蛙皮的灰白点。汤色金黄，色泽鲜亮。符合上述条件，才是上等的文山包种茶。

外形： 条索紧结、叶尖呈自然弯曲

色泽： 深绿、蛙皮色

茶颜观色

文山包种外形条索紧结、自然卷曲，茶色墨绿有油光，冲泡后茶汤色泽金黄、清澈明亮。

汤色： 金黄明亮

香气： 幽雅芬芳

滋味： 醇爽有花果味

闲品茶汤滋味长

文山包种具有"香、浓、醇、韵、美"五大特点，香气清新持久，有天然幽雅的芬芳气味，品饮时滋味甘醇鲜爽，入口生津，齿颊留香，久久不散。

叶底： 青绿微红边

白毫乌龙（东方美人）

白毫乌龙茶显白毫,于乌龙茶中为少见,故此得名。白毫乌龙的外形高雅、含蓄、优美,细细观察,有红、黄、白、青、褐五种颜色,美若敦煌壁画中身穿五彩斑斓羽衣的飞天仙女,所以茶人也称其为"五色茶"。

品茗最佳季节:秋季
养生功效:帮助消化、杀菌解毒、防止肠胃感染

外形: 茶芽肥大、白毫显露
色泽: 红、黄、白、绿、褐五彩相间,色泽鲜艳

汤色: 橙红明亮、呈琥珀色
香气: 熟果香或蜂蜜香
滋味: 甜醇

叶底: 红亮透明

东方美人茶

白毫乌龙又称东方美人茶。相传百年前,英国茶商将白毫乌龙呈献英国维多利亚女王,冲泡后其外观艳丽,犹如绝色美人漫舞在水晶杯中,品尝后,女王赞不绝口,赐名"东方美人"。

茶颜观色

白毫乌龙的外观十分特殊,叶身呈白、绿、黄、红、褐五色相间,不讲究条索,叶片褐红,心芽银白,色泽油润。冲泡后,汤色橙红。依品质优次,白毫乌龙分大、小凸风茶两类。大凸风茶白毫多,茶汤味浓香高,又称上凸风茶;小凸风茶白毫较少,味较淡,香较低,又称下凸风茶。

闲品茶汤滋味长

冲泡后的白毫乌龙具有蜂蜜味道与纯熟的苹果香,滋味甘润,耐冲泡。与其他乌龙茶不同的是,在品饮白毫乌龙时,如在茶汤中加入几滴白兰地,其风味更佳。

黑茶茶艺

品鉴要点

黑茶属于后发酵茶，是我国特有的茶类，生产历史悠久，以制成紧压茶为主，主要产于湖南、湖北、四川、云南、广西等地。其中云南普洱茶古今中外久负盛名。

茶叶特点

大部分茶叶讲究的是新鲜，制茶的时间越短，茶叶越显得珍贵，陈茶往往无人问津。而黑茶则是茶中的另类，贮存时间越长的黑茶，反而越难得。因为黑茶是深度发酵的茶叶，发酵程度达80%以上，所以存放时间越长，香气越浓，这也是近年来普洱茶大行其道的原因之一。

黑茶茶汤为深红色，亮红或暗红，不同种类黑茶汤色有一定差异。普洱茶生茶汤色浅黄，自然发酵的普洱茶汤色随着存储年份增加由浅黄逐渐转变为橙黄、浅红和深红色；普洱茶熟茶汤色红浓明亮，令人赏心悦目。

茶叶工艺

黑茶制作工艺流程包括杀青、揉捻、渥堆作色、干燥四道工序。渥堆是将揉捻好的茶叶放置在潮湿的环境中发酵，具有一种温热作用。渥堆是决定黑茶品质的关键，其时间长短、程度轻重都会直接影响黑茶成品的品质，使不同类别黑茶的风格具有明显差别。

茶香正浓

黑茶有陈香、陈韵和熟香。其中普洱茶的香气滋味是黑茶里最具有代表性的，滋味和口感也是最被人们接受的。

人们常常有这样一种错误的观念——黑茶即紧压茶，实际不然，黑茶和紧压茶是两种分类，部分绿茶和红茶也可以制成紧压茶，只不过大部分紧压茶都是由黑茶制成的。紧压茶不能直接冲饮，而散装黑茶则可以。

鉴别普洱茶

看普洱茶首先看外观。不管是茶饼、沱茶、砖茶，还是其他类型，先看茶叶的条形。

条形是否完整，叶老或嫩，老叶较大、嫩叶较细。若一块茶饼的外观看不出明显的条形，而显得碎与细，就是次级品制作的。

第二要看茶叶显现出来的颜色，是深或浅，光泽度如何。正宗的是猪肝色，陈放五年以上的普洱茶有黑中泛红的颜色。

第三看汤色。好的普洱茶，泡出的茶汤是透明的、发亮的。不好的茶则茶汤发黑、发乌。

第四要闻气味。陈茶则要看有没有一种特有的陈味，是一种很甘爽的味道，而不是腐臭味。

若可以试泡的话，看泡出来的叶底完不完整，是不是还维持柔软度。

判定普洱茶的基本品质，必须符合下列条件：品质正常，无劣变，无异味；普洱茶必须洁净，不含非茶类夹杂物；普洱茶饼的外形要平滑、整齐、厚薄匀称等。

茶叶功效

黑茶中含有较丰富的维生素和矿物质，另外还有蛋白质、糖类物质等。对主食牛、羊肉和奶酪，饮食中缺少蔬菜和水果的西北地区的居民而言，长期饮用黑茶，可补充人体必需矿物质和各种维生素。黑茶具有很强的解油腻、助消化等功效，这也是肉食民族特别喜欢这种茶的原因。另外，黑茶还有降脂、减肥、软化人体血管、预防心血管疾病等功效。

基本分类

湖南黑茶

安化黑茶等。

湖北黑茶

蒲圻老青茶等。

四川边茶

南路边茶、西路边茶等。

滇桂黑茶

普洱茶、广西六堡茶等。

名茶冲泡与品鉴

普洱熟茶（香陈九畹芳兰气，品尽千年普洱情）

如今的茶马古道上，成群结队的马帮身影不见了，清脆悠扬的马铃声远去了，远古飘来的茶叶香气也消散了。然而，越来越多琳琅满目的关于普洱茶及茶马古道的书籍火热出版。普洱茶，它深厚的历史内涵及人文魅力越来越多的为世人所瞩目。

品茗最佳季节：冬季
养生功效：提神醒脑、抗菌消炎、养颜瘦身、降血脂、降血压、防治冠心病

外形： 整齐、端正、匀称、各部分厚薄均匀、松紧适度

色泽： 红褐

汤色： 红浓明亮

香气： 独特陈香

滋味： 醇厚回甘

叶底： 深猪肝色

茶马古道韵味长

说起茶马古道，是不是脑海中就会浮现出古时的马帮，在艰难的行程中开辟通往域外商路的画面？日复一日、年复一年，在风餐露宿的艰难行程中，他们用清悠的铃声和奔波的马蹄声打破了千百年山林深谷的宁静，开辟了一条通往域外的经贸之路。

在长时间的压制中，茶叶经历了缓慢的发酵，年代越久，滋味越醇。在那漫漫古道上，马背上的起伏颠簸，风雨吹打、烈日暴晒、尘土和骡马体味的熏蒸则无疑是最后一道工序，正因为这漫长艰险的运送之途，才酝酿出了普洱茶古老厚重的韵味。

茶颜观色

品质好的普洱熟茶色泽褐红或深栗色，俗称"猪肝红"；冲泡后汤色红浓透明。

闲品茶汤滋味长

喉韵是一种喉部温润舒适、回甘和香气交织的感觉。普洱茶经陈化发酵，茶性变得温润饱满，入口无刺激感，喉韵润化，<u>丝滑舒顺</u>。

制茶亦有道

普洱茶有其独特的加工工序，一般都要经过杀青、揉捻、干燥、渥堆等几道工序。鲜采的茶叶，经杀青、揉捻、干燥之后，成为普洱毛青。这时的毛青韵味浓峻、锐烈而欠章理。

毛茶制作后，因其后续工序的不同分为"熟茶"和"生茶"。经过渥堆转熟的，就成为熟茶。普洱熟茶再经过一段相当长时间的贮放，待其味质稳净，便可货卖。贮放时间一般需要2~3年，干仓陈放5~8年的熟茶已被誉为上品。

选茶不外行

选购普洱茶的四大要诀：

一清：闻茶饼味。味道要清，无霉味。

二纯：辨别色泽。茶色呈枣红色，不可黑如漆色。

三正：存储得当。存放于仓中，防止其变得潮湿。

四气：品饮汤。回甘醇和，无杂陈味。

家庭巧存茶

普洱茶的存放方式很简单，只需要将茶品放置在阴凉、干燥、通风、无异味处即可。一般不要让太阳直接照射，不要放置在冰箱里，不要放在密封、真空罐里，更不要将茶品装箱放置在不通风处。

茶艺准备

适宜茶具：紫砂壶　　　　　　　　茶水比例：1（克茶）：50（毫升水）

水温：100℃沸水　　　　　　　　冲泡方法：壶泡法

备盏候香茶

冲泡技艺

准备：先将足量水烧至沸腾。冲泡普洱茶需要 100℃的沸水。

温具：倒入开水温壶，用温壶的水温烫公道杯，再将公道杯中的水倒入品茗杯。

冲泡要领：普洱茶选用的茶杯一般以白瓷或青瓷为宜，以便于观赏普洱茶的迤逦汤色。茶杯应大于功夫茶用杯，以厚壁大杯大口饮茶。

茶艺全书：知茶 泡茶 懂茶

投茶：用茶则将已经解散的普洱熟茶从茶罐里取出，放入茶荷中。用茶匙将适量的熟茶拨入紫砂壶中。

润茶：将开水注入壶中，将壶中的水迅速倒入公道杯中。

冲泡：冲水至满壶，刮去浮沫，盖上壶盖。

淋壶：用公道杯内的茶汤淋壶。静置1分钟左右。

温杯：手持品茗杯，逆时针旋转。再将温杯的水倒入茶盘。

出汤：将泡好的茶汤快速倒入公道杯中，控净茶汤。

分茶：将公道杯内的茶汤分入每个品茗杯中。

茶事历历

　　提起中国茶文化的源远流长，不得不说说诸葛亮对茶文化的贡献。相传诸葛亮率军南征到云南地区，将士们遇到大山中的瘴气中毒染病。一日，诸葛亮梦见白发老人托梦，顿悟出以茶祛病的方法。茶到病除，士气大振。为了答谢白发老人托梦之恩，更为了造福当地百姓，征战结束后，诸葛亮在当地大山中播下大量茶子，种茶成林，并把烹茶技艺传授给当地人。

　　在云南古茶区，有"孔明山""孔明茶"，每年农历 7 月 23 日孔明诞辰日，当地人都要举办"茶祖会"，纪念孔明带来茶种，带来健康，带来先进文化的贤德。

最古老的三座普洱茶山

老班章正山古树茶

老班章位于云南西双版纳勐海县，靠近中缅边境的布朗山深处，是著名的普洱茶产区，也是古茶园保留最多的地区之一。布朗山包括班章、老曼峨、曼新龙等树寨，其中最古老的老曼峨寨子已有1400年历史。

老班章所产的茶叶，滋味厚重、浓烈、霸道，回味中却有刚中有柔、强中带媚的风情。有茶人称赞老班章茶是普洱茶的王中之王，是最优质的普洱茶原料。老班章正山古树春茶饼，白毫显著，叶芽肥壮，是绝佳的收藏品，因产量少而一饼难求。

大雪山正山古树茶

"若论普洱茶，必言大叶种"，云南双江勐库镇是云南大叶种茶的发源地。大雪山雄踞双江县勐库镇西北，是孕育勐库大叶茶的摇篮。在大雪山中上部，海拔2200~2750米人迹难至的原始森林中，分布着目前已发现的海拔最高、密度最大的野生古茶树群落，大部分树龄在千年以上。经过专家鉴定，双江县大雪山野生古茶园是茶树起源之一。

大雪山正山古茶、大雪山正山古树春茶饼均系选用勐库大雪山野生古茶制成，外观油润呈深墨绿色、无毫，闻之有浓郁的山野夜来香的香气，茶性劲足霸道。因地处高山密林，原料采摘艰难，故产量极少。

攸乐山正山古树茶

攸乐山区是云南大叶茶的中心产地之一，早在1700多年前就有栽培，历史上茶叶最高产量达到2000担。老茶树一年一生的叶芽呈黄绿色，发芽早，多茸毛，是优良的普洱茶种。晒青毛茶为棕红色，茶质较硬，条索分明，青茶味酽，生津味甘；熟普醇厚甘滑，入口怡爽。

如今攸乐山古茶园毁坏严重，茶树在世不多，只有深入茶区，用心采集，才能采收到为数有限的优质茶。

普洱生茶（山美原林韵，厚化兰樟香，陈老肌骨气）

普洱熟茶，色重于味，七八分老茶的形，二三分老茶的魂；普洱生茶，味重于色，野性十足，加以岁月，文质彬彬，然后君子。陈年普洱，已经造化出一个世界，喝进肚里留在心中。

品茗最佳季节：夏季
养生功效：提神醒脑、抗菌消炎、养颜瘦身、降血脂、降血压、防治冠心病

外形： 匀称端正、压制松紧适度

色泽： 墨绿、褐绿

汤色： 绿黄清亮

香气： 清纯持久

滋味： 浓厚回甘

叶底： 肥厚黄绿

凝结的茶香

普洱生茶是指毛茶不经过渥堆工序而完全靠自然转化成为熟茶。自然转熟的进程相当缓慢，需要5~8年才适合饮用。但是完全稳熟后的生茶，其陈香中仍然存留活泼生动的韵致，且时间越长，其内香及活力越发显露和稳健，由此形成普洱茶越陈越香的特点，也养成了普洱爱好者收藏普洱茶的传统。

茶颜观色

普洱生茶干茶色泽墨绿、褐绿，优质茶条索里有白毫。冲泡后叶底黄绿、柔润，比较完整。

闲品茶汤滋味长

滑，是普洱茶汤入口后一种湿润柔和的感觉，似丝绸般顺滑。水性醇滑是普洱茶的一大特色，这是其他茶类不具备的。这种醇滑感往往与普洱茶的贮存时间有关，陈化时间越长，醇滑感越优异，品茗时越感舒顺亲切，这往往是许多普洱茶爱好者所钟爱的。

茶艺准备

适宜茶具：紫砂壶

水温：100℃沸水

茶水比例：1（克茶）：50（毫升水）

冲泡方法：壶泡法

备盏候香茶

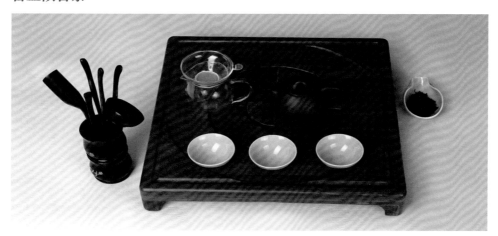

冲泡技艺

准备：将足量水烧至沸腾。

温具：先倒入热水温壶，再用温壶的水温烫公道杯，将公道杯中的水倒入品茗杯。

投茶：用茶刀撬取适量茶叶放入茶荷中，压制很紧的饼茶冲泡前要用手撕成小片。用茶匙将茶叶拨入壶中。

润茶：向紫砂壶中注入半壶开水，并迅速将茶汤倒入茶盘中。润普洱茶需 1~2 次。

冲泡：冲水至满壶，刮去浮沫盖上壶盖。约 30 秒。

温杯：手持品茗杯，逆时针旋转，然后将温杯的水倒入茶盘。

出汤：持壶快速将茶汤倒入公道杯中，控净茶汤。

分茶：将公道杯内的茶汤分入每个品茗杯中。

茶事历历

　　六大茶山：革登茶山、莽枝茶山、倚邦茶山、曼撒茶山、蛮砖茶山、攸乐茶山，为云南古代六大茶山。

　　干仓：指通风、干燥及清洁的普洱茶存放仓库，其存放的普洱茶叶为自然发酵，发酵期较长。

　　湿仓：通常指放置普洱茶较潮湿的地方，如地下室、地窖，以加快其发酵的速度。

　　内飞：1950年之前的"古董茶"内通常都有一张糯米纸，印上名称就是"内飞"。

　　印级茶：也就是包装纸上的"茶"字以不同颜色标示，红印为第一批，绿印为第二批，黄印为第三批。

　　号级茶饼：为辨别茶饼、茶叶年代、级别、生产厂的编号，如：8582饼（前两位数85为85年出品，第三位数8为8级茶，最后一位数2为勐海茶厂的代号）。

　　茶厂代号："1"为昆明茶厂；"2"为勐海茶厂；"3"为下关茶厂。

湖南黑茶（茶叶历史的浓缩）

湖南黑茶是 20 世纪 50 年代绝产的传统工艺商品，由于海外市场的征购，这一奇珍才得以在 21 世纪之初重新走入人们的视野，并风靡我国广东及东南亚市场。其声誉之盛，已不亚于如今大行其道的普洱，被誉为"茶文化的经典，茶叶历史的浓缩，茶中的极品"。

品茗最佳季节：冬季
养生功效：助消化、解油腻、顺肠胃、降脂、减肥、软化血管、预防心血管疾病

外形： 条索紧卷、圆直
色泽： 油黑、黑褐

汤色： 橙黄
香气： 醇厚带松烟香
滋味： 浓厚醇和

叶底： 黄褐

茶人的新宠

湖南黑茶成品有"三砖""三尖""花卷"系列。安化白沙溪茶厂的生产历史最为悠久，品种最为齐全。"三砖"即黑砖、花砖和茯砖。"三尖"指湘尖一号、湘尖二号、湘尖三号，即"天尖""贡尖""生尖"。"湘尖茶"是湘尖一、二、三号的总称。"花卷"系列包括"千两茶""百两茶""十两茶"。

茶颜观色

湖南黑茶分为 4 个等级，一级茶条索紧卷、圆直、叶质较嫩，色泽黑润。二级茶条索尚紧，色泽黑褐尚润。三级茶条索欠紧，呈泥鳅条，色泽纯净呈竹叶青带紫色或柳青色。四级茶叶张宽大粗老，条松扁皱褶，色黄褐。

闲品茶汤滋味长

湖南黑茶茶汤松烟味较浓，前几泡会有微涩的口感；第五泡至第十泡的口感甜醇而不腻，滑爽、清香。

六堡茶（隔夜犹闻淡淡香）

六堡茶在晾置陈化后，茶中便可见到有许多金黄色"金花"，这是有益品质的黄霉菌，它能分泌淀粉酶和氧化酶，可催化茶叶中的淀粉转化为单糖，催化多酚类化合物氧化，使茶叶汤色变棕红，消除粗青味。如果说对于其他茶类人们追求的是"青春"的滋味，那么对于六堡茶而言，它打动人的则是岁月的沧桑，那越陈越香的特质是其他茶类不具备的。

产地：广西苍梧县六堡乡
品茗最佳季节：秋季
养生功效：提神醒脑、开胃健脾、减肥、降血脂

外形： 条索尚紧
色泽： 黑褐光润

汤色： 红浓明亮
香气： 醇陈
滋味： 醇和干爽、滑润可口

叶底： 红褐色

四川边茶（藏民最喜此香茶）

四川边茶分南路边茶和西路边茶两类。西路边茶的毛茶色泽枯黄，是压制"茯砖"和"方包茶"的原料；南路边茶为当季或当年成熟新梢枝叶，是压制砖茶和金尖茶的原料。南路边茶品质优良，经熬耐泡，制成的"做庄茶"分为 4 级 8 等。优异南路边茶最适合以清茶、奶茶、酥油茶等方式饮用，深受藏族人民的喜爱。

产地：四川雅安、天全等地
品茗最佳季节：冬季
养生功效：助消化、解油腻、顺肠胃、降脂、减肥

外形： 质感粗老、含有部分茶梗、叶张卷折成条
色泽： 棕褐、猪肝色

汤色： 红浓明亮
香气： 纯正
滋味： 平和

叶底： 棕褐粗老

红茶茶艺

品鉴要点

红茶种类较多、产地较广，祁门红茶闻名天下，工夫红茶和小种红茶处处留香。此外，从中国引种发展起来的印度、斯里兰卡的产地红茶也很受欢迎。

茶叶特点

红茶在加工过程中发生了以茶多酚酶促氧化为中心的化学反应，鲜叶中的化学成分变化较大，茶多酚减少 90% 以上，产生了茶黄素、茶红素等新成分。香气物质比鲜叶明显增加。所以红茶具有红茶、红汤、红叶和香甜味醇的特征。

茶叶工艺

红茶初制基本工艺是鲜叶经萎凋、揉捻（揉切）、发酵、干燥四道工序。萎凋是红茶初制的重要工序。萎凋方法有自然萎凋和加温萎凋两种。萎凋时间、萎凋程度的掌握因萎凋方法、季节、鲜叶老嫩度等因素而异。

发酵是决定红茶品质的关键工序。通过发酵促使多酚类物质得到充分氧化，产生茶红素、茶黄素等氨氧化产物，形成红茶特有的色、香、味。

茶香正浓

红茶滋味浓厚鲜爽，醇厚微甜，有熟果香、桂圆香、烟香。和牛奶调饮，奶香和茶香很好地融合，口感柔嫩滑顺。

茶艺全书：知茶 泡茶 懂茶

鉴别红茶

工夫红茶

外形：条索紧细、匀齐的质量好；条索粗松、匀齐度差的，质量次。

色泽：色泽乌润，富有光泽，质量好；反之，色泽不一致，有死灰枯暗的茶叶，则质量次。

香气：香气馥郁的质量好；香气不纯，带有青草气味的，质量次；香气低闷的为劣。

汤色：汤色红艳，在评茶杯内茶汤边缘形成金黄圈的为优；汤色欠明的为次；汤色深浊的为劣。

滋味：滋味醇厚的为优，滋味苦涩的为次，滋味粗淡的为劣。

叶底：叶底明亮的质量好，叶底花青的为次，叶底深暗多乌条的为劣。

红碎茶

外形：红碎茶外形要求匀齐一致。碎茶颗粒卷紧，叶茶条索紧直，片茶皱褶而厚实，末茶成砂粒状。碎、片、叶、末的规格要分清。碎茶中不含片末茶，片茶中不含末茶，末茶中不含灰末。

色泽：乌润或带褐红色，忌灰枯或泛黄。

香气：高档的红碎茶，香气特别高，具有果香、花香和类似茉莉花的甜香。

汤色：以红艳明亮为优，暗浊为劣。

滋味：滋味浓、强、鲜具备为优，滋味淡则为劣。

叶底：色泽以红艳明亮为优，暗杂为劣。

茶叶功效

健康保健方面：红茶可以帮助胃肠消化、促进食欲，可利尿、消除水肿，并强壮心脏功能。

预防疾病方面：红茶的抗菌力强，用红茶漱口可防滤过性病毒引起的感冒，并预防蛀牙与食物中毒，降低血糖与血压。

基本分类

小种红茶：正山小种、烟小种。

工夫红茶：祁门工夫、滇红工夫、宜红工夫、川红工夫、闽红工夫、湖红工夫、越红工夫。

红碎茶：叶茶、碎茶、片茶、末茶。

名茶冲泡与品鉴

祁门红茶（祁红特绝群芳最，清誉高香不二门）

祁红以高香著称，具有独特的清鲜持久的香味，被国内外茶师称为砂糖香或苹果香，并蕴藏有兰花香，清高而长，独树一帜，国际市场上称之为"祁门香"。

品茗最佳季节：冬季
养生功效：提神消疲、排毒利尿、延缓衰老、降血糖、降血压、降血脂

外形：条索细紧匀齐、秀丽
色泽：乌润

汤色：红亮
香气：鲜甜轻快、有果糖香
滋味：醇和鲜爽

叶底：嫩匀明亮

春天的芬芳

祁红在国际市场上被称之为"高档红茶"，特别是在英国伦敦市场上，祁红被列为茶中"英豪"，每当祁红新茶上市，人人争相竞购，他们认为"在中国的茶香里，发现了春天的芬芳"。英国人最喜爱祁红，全国上下都以能品尝到祁红为口福。皇家贵族也以祁红作为时髦的饮品，用茶向皇后祝寿，赞美其为"群芳最"。

茶颜观色

高档祁门红茶的茶芽含量高，条形细紧，色泽乌黑有油光，茶条上金色毫毛较多；冲泡后汤色红艳，碗壁与茶汤接触处有一圈金黄色的光圈，俗称"金圈"。

闲品茶汤滋味长

祁红到手，先要闻香，其香气甜香浓郁；再细细品味茶汤的醇厚滋味，回味隽永。祁门工夫与其他红茶一样适于调饮。然而清饮更能领略祁红特殊的"祁门香"，领略其独特的内质、隽永的回味、明艳的汤色。

制茶亦有道

祁红现采现制，以保持鲜叶的有效成分，特级祁红以 1 芽 1 叶及 1 芽 2 叶为主，制作工艺精湛。分初制和精制两大过程，初制包括萎凋、揉捻、发酵、烘干等工序。精制则将长短粗细、轻重曲直不一的毛茶，经筛分、整形、审评提选、分级归堆，同时为提高干度、保持品质，便于贮藏和进一步发挥茶香，再行补火、拼配等工序，成为形质兼优的成品茶。

选茶不外行

外形： 祁门红茶的外形很整齐，茶叶都被切成 0.6~0.8 厘米，假的祁红条叶形状多不整齐。

颜色： 祁门红茶颜色为棕红色，外观看起来有些暗，假祁红一般多经过染色，颜色鲜红。

汤色： 祁门红茶汤色红浓明亮，假祁红汤色虽红，但多不透明。

滋味： 祁门红茶味道浓厚，强烈醇和、鲜爽。假祁红一般带有人工色素，味苦涩、淡薄。

家庭巧存茶

袋储存法： 家庭贮茶选用塑料袋时，第一，必须是适合食品用的包装袋；第二，袋材要选用密度高的，即选用低压材料要比高压的好；第三，袋材要有一定的强度，厚实一些的为好；第四，材料本身不应有孔洞和异味。

罐储存法： 用铁听贮茶简单方便，取饮随意。只要把买回来的茶叶放入洁净的铁听即可。新买的铁听，可先放少量的茶叶末入内，然后盖好盖，存放数日，便能把异味吸尽。用茶叶末擦洗铁听也能去除异味。装有茶叶的铁听，应置于阴凉处，不能放在阳光直射和潮湿、有热源的地方，这既可防止铁听氧化生锈，又可抑制听内茶叶陈化、劣变的速度。

茶艺准备

适宜茶具：瓷壶、紫砂壶
水温：100℃沸水

茶水比例：1（克茶）：50（毫升水）
冲泡方法：壶泡法

备盏候香茶

冲泡技艺

温具：向壶中注入烧沸的开水温壶，将温壶的水倒入公道杯后温公道杯，再倒入品茗杯。

投茶：用茶匙将茶荷中的茶
拨入茶壶。

润茶：向壶中注入少量开水，并快速倒入水盂中。

冲水：冲水至满壶，时间2~3分钟。

温杯：温品茗杯，将温杯的水倒入水盂中。

出汤：将泡好的茶汤倒入公道杯中，茶汤控净。

分茶：将公道杯中的茶汤分到各个品茗杯中。

茶事历历

　　下午茶起源于17世纪的英国。当时，上流社会的早餐很丰盛，午餐较为简便，而社交晚餐则要到晚上8点左右才开始，人们便习惯在下午4点左右吃些点心、喝杯茶。其中有一位很懂得享受生活名叫安娜玛丽亚的女伯爵，每天下午都会差遣女仆为她准备一壶红茶和点心，她觉得这种感觉很好，便邀请友人共享。很快，下午茶便在英国上流社会流行起来。英国贵族赋予红茶以优雅的形象及丰富华美的品饮方式。下午茶更被视为社交的入门，时尚的象征，18世纪中期以后，茶才真正进入一般平民的生活。

正山小种（此茶胜过人参汤）

正山小种红茶诞生于明末清初，早在 17 世纪初就远销欧洲，并大受欢迎，曾经被当时的英格兰皇家选为皇家红茶，并因此而诱发了闻名天下的"下午茶"。历史上的 BOHEA 就是指"正山小种"，当时它是中国茶的象征。

品茗最佳季节：冬季
养生功效：提神消疲、排毒利尿、延缓衰老、强壮心肌功能

外形： 条索肥壮、紧结圆直、不带芽毫

色泽： 乌黑油润

汤色： 红艳浓厚、似桂圆汤

香气： 松烟香

滋味： 醇厚

叶底： 肥厚红亮

红茶的鼻祖

正山小种又称拉普山小种，产于福建武夷山。茶叶是用松针或松柴熏制而成，有着非常浓烈的香味。因为熏制的原因，茶叶呈黑色，但茶汤为深红色。正山小种是世界红茶的鼻祖，后来的工夫红茶就是在其基础上发展起来的。

茶颜观色

正山小种干茶条索肥壮，紧结圆直，色泽乌润；冲泡后汤色艳红，经久耐泡。

闲品茶汤滋味长

正山小种茶滋味醇厚，似桂圆汤味，气味芬芳浓烈，有醇馥的烟香和桂圆汤、蜜枣味。有茶人曾说：这是一种让人爱憎分明的茶，只要有一次你喜欢上它，便永远不会放弃它。如加入牛奶，茶香不减，形成糖浆状奶茶，甘甜爽口，别具风味。正山小种也非常适合与咖喱和肉的菜肴搭配。

制茶亦有道

正山小种一年只采春夏两季，春茶在立夏开采，以采摘一定成熟度的小开面叶（1芽2、3叶）为最好。传统的制法是鲜叶经萎凋、揉捻、发酵、过红锅、复揉、熏焙、筛拣、复火、匀堆等工序。

小种红茶的制法有别于一般红茶，发酵以后要在200℃的平锅中进行拌炒2~3分钟，称之为"过红锅"，这是小种红茶特殊工艺处理技术，目的是散去青臭味、消除涩感、增进茶香。其次是后期的干燥过程中，用湿松柴进行熏烟焙干，从而形成小种红茶的松烟香、桂圆汤色等独有的品质风格。

选茶不外行

正山小种茶共有特等、特级、一级、二级、三级五个级别。

特等正山小种选用的是品质最优的毛茶，再按最传统的工序进行再加工的，保持了正山小种的原滋原味。

特级正山小种干茶条形较小，闻香时香味更浓，耐泡程度也更好。

一级正山小种干茶条形大些，片梗稍微多些。

二级正山小种干茶没有一级那么成条形，有茶片。

家庭巧存茶

正山小种保管简易，只要常规常温密封保存即可。因为是全发酵茶，一般存放一两年后松烟味进一步转换为干果香，滋味会变得更加醇厚而甘甜。茶叶越陈越好，陈年（三年）以上的正山小种味道特别的醇厚，回甘好。

滇红（香高味浓，独树一帜）

滇红工夫产于滇西、滇南两区，名气不输祁红，茸毫显露为其品质特点之一。其毫色可分淡黄、菊黄、金黄等类。滇红工夫茶的另一大特征为香郁味浓，以云县部分茶区所出为最，这里所产滇红工夫的香气中带有花香。滇南茶区工夫茶滋味浓厚、刺激性较强，滇西茶区工夫茶滋味醇厚、刺激性稍弱。

产地：云南滇西南澜沧江以西，怒江以东的高山峡谷区
品茗最佳季节：冬季
养生功效：提神消疲、延缓衰老、降血糖、降血压、降血脂

外形：条索紧结、锋苗秀丽
色泽：乌润、金毫持显

汤色：红艳明亮
香气：鲜郁高长
滋味：味鲜浓醇

叶底：红艳、柔嫩

金骏眉（红茶中的极品）

金骏眉的诞生地——武夷山市桐木村。金骏眉是武夷山正山小种的一个分支，摘于武夷山国家级自然保护区内海拔 1200~1800 米高山的原生态野茶树，6 万~8 万颗芽尖方制成 500 克金骏眉，结合正山小种传统工艺，是可遇不可求之的茶珍品。

产地：福建武夷山
品茗最佳季节：冬季
养生功效：提神消疲、排毒利尿、延缓衰老

外形：茸毛少、条索紧细、隽茂、重实
色泽：金、黄、黑相间

汤色：金黄、浓郁、清澈、有金圈
香气：复合型花果香、蜜香
滋味：醇厚、甘甜爽滑、高山韵味持久

叶底：呈金针状、匀整

政和工夫（闽红工夫茶之首）

政和工夫茶是以政和大白茶品种为主体，适当拼配由小叶种茶树群体中选制的具有浓郁花香特色的工夫红茶。故在精制中，对两种半成品茶分别通过一定规格的筛选，分级，分别加工成型，然后根据质量标准将两茶按一定比例拼配成各级工夫茶。政和工夫既适合清饮，又宜掺和砂糖、牛奶调饮。

产地：福建政和
品茗最佳季节：冬季
养生功效：帮助胃肠消化、可利尿、消水肿，并能强壮心肌功能

外形： 条索肥壮、紧实、显毫
色泽： 乌黑油润

汤色： 红艳明亮
香气： 浓郁芳香、似紫罗兰花香
滋味： 醇厚

叶底： 橙红柔软

坦洋工夫（起起落落，百年传奇）

一个世纪前，百年红茶老字号——坦洋工夫，以高贵品质征服英伦三岛，勇夺巴拿马国际博览会金奖，跻身国际名茶之列。但后来，它却盛极而衰，给世人留下了遗憾。一个世纪后，坦洋工夫重新绽放生机，借助海峡两岸茶博会东风，卷土重来。起起落落的世纪故事，一个又一个的历史传奇。

产地：福建福安市坦洋村
品茗最佳季节：冬季
养生功效：提神醒脑、开胃健脾、减肥、降血脂

外形： 条索紧结秀丽、茶毫微显金黄
色泽： 乌润

汤色： 红明
香气： 高爽
滋味： 醇厚

叶底： 红亮

C.T.C 红碎茶（香气鲜浓）

C.T.C 红碎茶是"大渡岗 C.T.C 红碎茶"的简称，产于云南西双版纳大渡岗茶厂，适宜做成袋泡茶。红碎茶是茶叶揉捻时，用机器将叶片切碎呈颗粒型碎片，因外形细碎，故称红碎茶。

品茗最佳季节：冬季
养生功效：提神醒脑、开胃健脾、减肥、降血脂

外形：颗粒形、重实匀齐
色泽：棕黑油润

汤色：红艳明亮
香气：鲜浓持久
滋味：鲜爽浓强
叶底：黑红细碎

适合不同风味的冲泡

非常适合冲泡后与牛奶、糖、柠檬等调匀成奶茶或柠檬红茶。红碎茶可直接冲泡，也可包成袋泡茶后连袋冲泡，然后加糖加奶，饮用十分方便。由于红碎茶的饮用方式较为特别，与其他茶类一般采用清饮有很大的不同，因此，品质强调滋味的浓度、强度和鲜爽度；汤色要求红艳明亮，以免泡饮时，茶的风味被糖、奶等兑制成分所掩盖。

茶颜观色

红碎茶外形呈小颗粒状，重实、匀整。色泽棕红、乌润、匀亮。

闲品茶汤滋味长

C.T.C 红碎茶香气甜醇，滋味鲜、爽、浓、强。

茶艺准备

适宜茶具：瓷质茶具、紫砂壶、玻璃茶具　　茶水比例：1（克茶）：50（毫升水）

水温：100℃沸水　　　　　　　　　　　　冲泡方法：壶泡法

备盏候香茶

冲泡技艺

温具： 向壶中注入沸水温烫。将温壶的水温公道杯。再将公道杯的水倒入品茗杯。

投茶： 用茶则将茶罐中的茶取出，投入茶壶中。

冲水：将沸水冲入壶中。

温杯：温品茗杯，将水倒入水盂中。

出汤：将泡好的茶汤倒入公道杯中，控净茶汤。

分茶：将公道杯中的茶汤分到每个品茗杯中。

茶艺全书：知茶 泡茶 懂茶

九曲红梅（色红香清如红梅）

九曲红梅是浙江省目前 28 种名茶中唯一的红茶，是红茶中的珍品，因其拥有深厚的文化底蕴和优异的品质特性，曾与狮峰龙井以"一红一绿"媲美享誉。

品茗最佳季节：冬季
养生功效：暖胃、健脾、明目、提神

九曲十八弯

九曲红梅源出为武夷山的九曲，是闽北浙南一带农民北迁，在大坞山一带落户，开荒种粮种茶，以谋生计，制作九曲红梅，它带动了当地农户的生产。九曲红梅采摘是否适期，关系到茶叶的品质，以谷雨前后为优，清明前后开园，品质反居其下。品质以大坞山产者居上；上堡、大岭、冯家、张余一带所产称"湖埠货"，居中；社井、上阳、下阳、仁桥一带的称"三桥货"，居下。

外形： 条索细紧，秀丽
色泽： 乌润

茶颜观色

九曲红梅外形条索细若发丝，弯曲细紧如银钩，抓起来互相勾挂呈环状，披满金色的茸毛，色泽乌润；冲泡后汤色鲜亮，叶底红艳成朵。

汤色： 红艳明亮
香气： 高
滋味： 醇厚

闲品茶汤滋味长

九曲红梅茶汤滋味鲜爽可口，且香气馥郁扑鼻。看上去茶叶朵朵艳红，犹如水中红梅，绚丽悦目。

叶底： 红明嫩软

黄茶茶艺

品鉴要点

黄茶的产生属于炒青绿茶过程中的妙手偶得。由于杀青、揉捻后干燥不足或不及时，叶色即变黄，于是产生了新的品类——黄茶。啜上一口茶，满口余香。这好似月光的液体，也让品茶者温柔地幸福起来。

茶叶特点

黄茶的品质特点是"黄叶黄汤"。这种黄色是制茶过程中进行闷黄的结果。黄茶有芽茶与叶茶之分，对新梢芽叶有不同要求：除黄大茶要求有1芽4、5叶新梢外，其余的黄茶都有对芽叶要求"细嫩、新鲜、匀齐、纯净"的共同点。

茶叶工艺

黄茶的杀青、揉捻、干燥等工序均与绿茶制法相似，其最重要的工序在于闷黄，这是形成黄茶特点的关键，主要做法是将杀青和揉捻后的茶叶用纸包好，或堆积后以湿布盖之，时间以几十分钟或几个小时不等，促使茶坯在水热作用下进行非酶性的自动氧化，形成黄色。

茶香正浓

黄茶茶汤滋味鲜醇、甘爽、醇厚，香气足。

鉴别黄茶

优质黄茶

干茶：色泽金黄或者黄绿、嫩黄，显毫。

茶汤：汤色黄绿明亮。

叶底：嫩黄、匀齐、黄色鲜亮。

香气：清悦。

劣质黄茶

干茶：色泽暗淡、不显毫。

茶汤：色泽黄绿，不透亮。

叶底：发暗、不亮。

香气：闷浊气。

茶叶功效

黄茶中富含茶多酚、氨基酸、可溶糖、维生素等营养物质，保留黄茶鲜叶中 85% 以上的天然物质，而这些物质对防癌、杀菌、消炎均有特殊效果，对防治食道癌有明显功效。

基本分类

黄芽茶：君山银针、蒙顶黄芽、霍山黄芽。

黄大茶：广东大叶青、霍山黄大茶。

黄小茶：北港毛尖、鹿苑毛尖、温州黄汤、沩山毛尖。

名茶冲泡与品鉴

君山银针（遥望洞庭山水翠，白银盘里一青螺）

君山银针历史悠久，唐代就已生产，清代被列为贡茶，是黄茶中的珍品。据说文成公主出嫁时就选了君山银针带入西藏。君山银针成品茶芽头苗壮，长短大小均匀，内呈橙黄色，外裹一层白毫，故得雅号"金镶玉"，又因茶芽外形很像一根根银针，故名君山银针。

品茗最佳季节：夏季
养生功效：消食祛痰、解毒止渴、利尿明目、杀菌、抗氧化、抗衰老

外形：芽壮挺直、匀整露毫
色泽：黄绿

汤色：杏黄明净
香气：清香浓郁
滋味：甘甜醇和

叶底：黄亮匀齐

湘水浓溶湘女情

君山银针产于烟波浩渺的洞庭湖中的青螺岛，据说君山茶的第一颗种子还是4000多年前娥皇女英播下的。小小的岛上堆满了中华民族的故事：这里有娥皇女英之墓，这里有秦始皇的封山石刻，这里有至今仍在流传着古老爱情故事的柳毅井。这里所产的茶吸收了湘楚大地的精华，尽得云梦七泽的灵气，所以风味奇特、极耐品味。

茶颜观色

君山银针芽壮多毫，条直匀齐，白毫如羽，芽身金黄发亮，着淡黄色茸毫，冲泡后叶底肥厚匀亮。

闲品茶汤滋味长

君山银针是一种以赏景为主的特种茶，讲究在欣赏中饮茶，在饮茶中欣赏。冲泡后的君山银针开始茶叶全部冲向上面，继而徐徐下沉，三起三落，浑然一体，确为茶中奇观。入口则清香沁人，齿颊留芳。

制茶亦有道

君山银针的采摘和制作都有严格要求，每年只能在"清明"前后7~10天采摘，采摘标准为春茶的首轮嫩芽。而且还规定："雨天不采""风伤不采""开口不采""发紫不采""空心不采""弯曲不采""虫伤不采"等九不采。叶片的长短、宽窄、厚薄均是以毫米计算，500克银针茶，约需1.5万个茶芽。因此，即便是采摘能手，一个人一天也只能采摘鲜茶200克。制作君山银针茶，要经过杀青、摊晾、初烘、初包、再摊晾、复烘、复包、焙干八道工序，需78个小时方可制成。

选茶不外行

君山银针因为其独有的特点，仿冒起来十分困难，只要拿水一冲泡，就能分出真伪。真银针由未展开的肥嫩芽头制成，芽头肥壮挺直、匀齐，满披茸毛；干茶色泽金黄光亮，冲泡后味甜爽，芽尖冲向水面，悬空竖立，然后徐徐下沉杯底。假银针有青草味，泡后银针不能竖立。

家庭巧存茶

贮藏君山银针可选用双层铁盖的茶叶盒，深色玻璃瓶或者干燥的保温瓶，避免接触异味；短期保存可先用干净纸包好，放入双层塑料袋内；若放入冰箱内保存，温度在0~10℃最佳。

茶事历历

君山银针的"三起三落"是由于茶芽吸水膨胀和重量增加不同步，芽头比重瞬间变化而引起的。可以设想，最外一层芽肉吸水，比重增大即下降，随后芽头体积膨大，比重变小则上升，继续吸水又下降，于是就有了三起三落的奇观。

茶艺准备

适宜茶具：玻璃杯   茶水比例：1（克茶）：50（毫升水）

水温：85℃沸水   冲泡方法：玻璃杯之中投法

备盏候香茶

冲泡技艺

准备： 将足量水烧至沸腾后待水温降至85℃左右备用。取适量君山银针放入茶荷中。

温具： 温杯，并将温杯的水倒入水盂中。

冲水：冲水至杯的三分满。

投茶：用茶匙将君山银针轻轻投入玻璃杯中。

冲水：高冲水至七分满。

赏茶：茶叶从水的顶部慢慢飘下去在水中伸展，俗称"茶舞"。刚泡好的君山银针并不能立即竖立悬浮在杯中，要等待 3~5 分钟，待茶芽完全吸水后，茶尖朝上，芽蒂朝下，上下浮动，最后竖立于杯底。有的茶芽可以三起三落，值得欣赏。

君山银针的传说

　　君山银针原名白鹤茶。据传初唐时，有一位名叫白鹤真人的云游道士从海外仙山归来，随身带了八株神仙赐予的茶苗，就将它种在君山岛上。后来，他修起了巍峨壮观的白鹤寺，又挖了一口白鹤井。

　　白鹤真人取白鹤井水冲泡仙茶，只见杯中一股白气袅袅上升，水气中一只白鹤冲天而去，此茶由此得名"白鹤茶"。又因为此茶颜色金黄，形似黄雀的翎毛，所以别名"黄翎毛"。后来，此茶传到长安，深得天子宠爱，遂将白鹤茶与白鹤井水定为贡品。

　　有一年进贡时，船过长江，由于风浪颠簸，把随船带来的白鹤井水给泼掉了。押船的州官吓得面如土色，急中生智，只好取江水鱼目混珠。运到长安后，皇帝泡茶，只见茶叶上下浮沉却不见白鹤冲天，心中纳闷，随口说道："白鹤居然死了！"岂料金口一开，即为玉言，从此白鹤井的井水就枯竭了，白鹤真人也不知所踪。但是白鹤茶却流传下来，即是今天的君山银针茶。

霍山黄芽（巧采精焙形色美，细斟慢酌味香醇）

霍山黄芽起源于唐朝，是久负盛名的历史名茶，红楼梦中贾宝玉最爱的养生茶便是霍山黄芽了。现如今，霍山黄芽与黄山、黄梅戏并称为"安徽三黄"。

品茗最佳季节：夏季
养生功效：延年益寿、降脂减肥、护齿明目、生津止渴、消热解暑

外形： 似雀舌、芽叶细嫩多毫
色泽： 润绿泛黄

汤色： 稍绿黄而明亮
香气： 清幽高雅
滋味： 鲜爽回甜

叶底： 黄绿嫩匀

形美味香醇

霍山黄芽产地均在海拔高度600米以上的山区，芽叶肥壮、节间长，颜色嫩黄茸毛多，香气馥郁，滋味鲜爽甘醇耐冲泡。正常年份开采在清明前后。目前霍山黄芽香型大概有3种，即清香、花香、熟板栗香。产地气候不同，香气不一，如白莲岩的乌米尖新产的黄芽有花香，太阳乡的金竹坪新产的黄芽为清香型，而大化坪镇的金鸡山产的黄芽为熟板栗香，以上几种香型香高持久。

茶颜观色

霍山黄芽外形条直微展、匀齐成朵、形似雀舌、嫩绿披毫，冲泡后汤色黄绿、清澈明亮，叶底嫩黄明亮。

闲品茶汤滋味长

霍山黄芽清香持久，滋味鲜醇浓厚、回甘，汤色黄绿、清澈明亮。第一泡茶汤鲜醇、清香；第二泡茶香最浓，滋味最佳，要充分体验茶汤甘泽润喉、齿颊留香、回味无穷的特征；第三泡时茶味已淡，香气亦减。三泡之后，一般不再饮了。

蒙顶黄芽 （蜀土茶称圣，蒙山味独珍）

美丽的四川蒙山不仅盛产绿茶名品蒙顶甘露，也是珍品黄茶蒙顶黄芽的故乡。

品茗最佳季节：夏季
养生功效：降脂减肥、护齿明目、生津止渴、消热解暑

茶中故旧是蒙山

蒙顶茶是蒙山所产名茶的总称。唐宋以来，川茶因蒙顶贡茶而闻名天下。白居易诗有"蜀茶寄到但惊新"之句。当时进贡到长安的名茶，大部分为细嫩散茶，品名有雷鸣、雾钟、雀舌、鸟嘴、白毫等，以后又有凤饼、龙团等紧压茶。

现在，一些传统品类的名茶都被保留下来，并加以改进提高。品名有甘露、石花、黄芽、米芽、万春银叶、玉叶长春等。20世纪50年代初期以生产黄芽为主，称蒙顶黄芽，为黄茶类名优茶中之珍品。蒙山那终年朦朦的烟雨，茫茫的云雾，肥沃的土壤，优越的环境，为蒙顶黄芽的生长创造了极为适宜的条件。

茶颜观色

蒙顶黄芽干茶芽条匀整，扁平挺直，色泽黄润，全毫显露。冲泡后叶底全芽嫩黄。

闲品茶汤滋味长

蒙顶黄芽汤色黄中透碧，滋味甘醇鲜爽。你是否也在品着佳茗的同时，心间茶气上溢，舌尖茶香顿涌，闭眼凝神中，茶已在心间。

外形： 扁平挺直、满披白毫
色泽： 嫩黄油润

汤色： 黄亮

香气： 甜香浓郁

滋味： 甘醇

叶底： 嫩黄匀齐

白茶茶艺

品鉴要点

白茶是指一种采摘后，只经过杀青、不揉捻，再经过晒或文火干燥后加工的茶。之所以称为白茶，是因为白茶的叶尖和叶背面有一层似银针的白色茸毛。

茶叶特点

白茶最主要的特点是毫色银白，有"绿妆素裹"之美感，且芽头肥壮，汤色黄亮，滋味鲜醇，叶底嫩匀。白茶的主要品种有银针、白牡丹、贡眉、寿眉等。尤其是白毫银针，全是披满白色茸毛的芽尖，形状挺直如针，在众多的茶叶中，它是外形最优美者之一，令人喜爱。

茶叶工艺

白茶的制作工艺，一般分为萎凋和干燥两道工序，而其关键是在于萎凋。萎凋分为室内萎凋和室外日光萎凋两种。要根据气候灵活掌握，以春秋晴天或夏季不闷热的晴朗天气，采取室内萎凋或复式萎凋为佳。其精制工艺是在剔除梗、片、蜡叶、红张、暗张之后，以文火进行烘焙至足干，以火香衬托茶香，待水分含量为4%~5%时，趁热装箱。白茶制法的特点是既不破坏酶的活性，又不促进氧化作用，且保持毫香显现，汤味鲜爽。

茶香正浓

白茶滋味清醇甘爽、香气纯正，叶底匀整、油嫩。

茶艺全书：知茶 泡茶 懂茶

鉴别白茶

外形： 以毫多而肥壮、叶张肥嫩的为上品；毫芽瘦小而稀少的，则品质次之；叶张老嫩不匀或杂有老叶、蜡叶的，则品质差。

色泽： 毫色银白有光泽，叶面灰绿（叶背银白色）或墨绿，翠绿的，则为上品；铁板色的，品质次之；草绿黄、黑、红色及腊质光泽的，品质最差。

净度： 要求不得含有老梗、老叶及腊叶，如果茶叶中含有杂质，则品质差。

香气： 以毫香浓显、清鲜纯正的为上品；有淡薄、青臭、失鲜、发酵感的为次。

滋味： 以鲜爽、醇厚、清甜的为上品；粗涩、淡薄的为差。

汤色： 以杏黄、杏绿、清澈明亮的为上品；泛红、暗浑的为差。

叶底： 以匀整、肥软，毫芽壮多、叶色鲜亮的为上品；硬挺、破碎、暗杂、焦叶红边的为差。

茶叶功效

白茶具有防癌、抗癌、防暑、解毒、治牙痛的功效，尤其是陈年的白毫银针，可用作患麻疹幼儿的退烧药，其退烧效果比抗生素更好。

基本分类

白芽茶： 白毫银针等。

白叶茶： 白牡丹、贡眉等。

名茶冲泡与品鉴

白毫银针（女儿不慕官宦家，只询牡丹与银针）

白毫银针是白茶中的珍品。主产地有福鼎和政和，尤以福鼎生产的白毫银针品质为高。

品茗最佳季节：夏季
养生功效：退热祛暑、降虚火、解邪毒、杀菌、抗氧化、抗衰老

外形： 芽壮肥硕、挺直似针
色泽： 毫白如银、银灰有光泽

汤色： 杏黄
香气： 毫香新鲜
滋味： 清鲜爽口

叶底： 嫩匀完整、色绿

白毫银针天下精

由于鲜叶原料全部是茶芽，白毫银针制成成品茶后，形状似针，白毫密披，色白如银，因此命名为白毫银针。白毫银针的采摘十分细致，要求极其严格，规定雨天不采，露水未干不采，细瘦芽不采，紫色芽头不采，风伤芽不采，人为损伤芽不采，虫伤芽不采，开心芽不采，空心芽不采，病态芽不采，号称十不采。只采肥壮的单芽头，如果采回1芽1、2叶的新梢，则只摘取芽心，俗称之为抽针。

茶颜观色

白毫银针茶芽肥壮，形状似针，白毫批覆，色泽鲜白光润，闪烁如银，条长挺直；冲泡后茶汤呈杏黄色，清澈晶亮。

闲品茶汤滋味长

白毫银针茶汤滋味因产地不同而略有不同。福鼎所产银针滋味清鲜爽口，回味甘凉；政和所产的银针汤味醇厚，香气清芬。

制茶亦有道

白毫银针的制法特殊，工艺简单。制作过程中，不炒不揉，只分萎凋和干燥两道工序，目的是使茶芽自然缓慢地变化，形成白茶特殊的品质风格。

具体制法是：采回的茶芽，薄薄地摊在竹制有孔的筛上，放在微弱的阳光下萎凋、摊晒至七八成干，再移到烈日下晒至足干。也有在微弱阳光下萎凋2小时，再进行室内萎凋至八九成干，再用文火烘焙至足干。亦有直接在太阳下曝晒至八九成干，再用文火烘焙至足干。还有直接在太阳下曝晒至八、九成干，再用文火烘焙至足干。在萎凋、干燥过程中，要根据茶芽的失水程度进行调节，工序虽简单，但是要制出好茶，比其他茶类更为困难。

选茶不外行

好的白毫银针茶干茶长3厘米左右，整个茶芽为白毫覆披、银装素裹、熠熠闪光，令人赏心悦目。冲泡后香气清鲜，滋味醇和。其他银针茶干茶外形粗壮、芽长、毫毛略薄，光泽不如白毫银针。

家庭巧存茶

可将白茶用锡袋密封包装后，再置于密度高、有一定强度、无异味的密封塑料袋中，或者放入冰箱冷藏室中（茶叶单独贮放），即使放上一年，茶叶仍然可以芳香如初，色泽如新。

茶艺准备

适宜茶具：玻璃杯

水温：85℃左右

茶水比例：1（克茶）：50（毫升水）

冲泡方法：玻璃杯之中投法

备盏候香茶

冲泡技艺

温杯：向玻璃杯中注入少量热水，温杯，并将废水倒入水盂中。

投茶：用茶则将茶取出，投入杯中。

冲泡：将水冲至杯的七分满即可。白毫银针因其未经揉捻，茶汁不易浸出，冲泡时间宜较长。

赏茶：冲泡5~6分钟后，此时茶芽条条挺立，上下交错，犹如雨后春笋。

白毫银针的传说

很早以前有一年政和一带久旱不雨，瘟疫四起。相传在洞宫山上的一口龙井旁有几株仙草，草汁能治百病。很多勇敢的小伙子纷纷去寻找仙草，但都有去无回。有一户人家，家中兄妹三人志刚、志诚和志玉，三人商定轮流去找寻仙草。

这一天，大哥来到洞宫山下，这时路旁走出一位白发老爷爷告诉他仙草就在山上龙井旁，上山时只能向前不能回头，否则采不到仙草。志刚一口气爬到半山腰，只见满山乱石，阴森恐怖，但忽听一声大喊"你敢往上闯"，志刚大惊，一回头，立刻变成了这乱石岗上的一块新石头。不见大哥回来，老二志诚又接着去找仙草，当他爬到半山腰时由于回头也变成了一块巨石。

找仙草的重任终于落到了志玉的头上。她出发后，途中也遇见白发爷爷，同样告诉她千万不能回头的话，并且送她一块烤糍粑。志玉谢后继续往前走，来到乱石岗，奇怪声音四起，她用糍粑塞住耳朵，坚决不回头，终于爬上山顶来到龙井旁。志玉采下种子，立即下山。回乡后将种子种满山坡。这种仙草便是茶树，这便是白毫银针名茶的来历了。

花茶茶艺

品鉴要点

花茶又称熏花茶、香花茶、香片，为中国独特的一个茶叶品类。由精制茶坯与具有香气的鲜花拌和，通过一定的加工方法，促使茶叶吸附鲜花的芬芳香气而成。茶香典雅、朴素，而花香则现代、清新，把茶叶和鲜花的香气融会在一起，珠联璧合，也就是我们日常见到的花茶。

茶叶特点

花茶集茶味与花香于一体，茶引花香，花增茶味，相得益彰。既保持了浓郁爽口的茶味，又有鲜灵芬芳的花香。

茶叶工艺

花茶利用茶善于吸收异味的特点，将有香味的鲜花和新茶一起窨制，待茶将香味吸收后再把干花筛除而制成的。最普通的花茶是用茉莉花制的茉莉花茶，根据所用的鲜花不同，还有玉兰花茶、桂花茶、珠兰花茶、玫瑰花茶等。普通花茶都是用绿茶制作，也有用红茶制作的。

茶香正浓

由于窨花的次数不同和鲜花种类不同，花茶的香气高低和香气特点都不一样，其中以茉莉花茶的香气最为浓郁，是花茶中的主要产品。冲泡后的花茶，花香袭人，甘芳满口，令人心旷神怡。花茶香味浓郁，茶汤色深，深得偏好重口味的北方人喜爱。

鉴别花茶

鉴别优劣花茶

掂重：买花茶时，应先抓一把茶叶掂掂重量，并仔细观察有无花片、梗子和碎末等。优质花茶较重，且不应有梗子、碎末等东西；劣质花茶重量较轻，有少量的杂质。

看形：花茶的外形以条索紧细圆直、色泽乌绿均匀、有光亮的为好；反之，条索粗松扭曲、色泽黄暗的不好，甚至是陈茶。

闻味：先闻有无其他不应有的异味，然后放在鼻下深嗅一下，辨别花香是否纯正。质量好的花茶香气冲鼻，香气不浓的则没有这种感觉，其质次。

鉴别真假花茶

真花茶：是用茶坯（原茶）与香花窨制而成。高级花茶要窨多次，香味浓郁。

假花茶：是指拌干花茶。在自由贸易市场上，常见到出售的花茶中，夹带有很多干花，并美其名为"真正花茶"。实质上这是将茶厂中窨制花茶或筛出的无香气的干花拌和在低级茶叶中，以冒充真正花茶，闻其味，是没有真实香味的，用开水泡后，更无香花的香气。

茶叶功效

花茶中含有的多酚类物质，能除口腔细菌；其中的儿茶素，能抑菌、消炎、抗氧化，有助于伤口的愈合，还可阻止脂褐素的形成。茶叶中的绿原酸，亦可保护皮肤，使皮肤变得细腻、白润、有光泽。同时鲜花含有多种维生素、矿物质、氨基酸、糖类等，鲜花的芳香油具有镇静、调节神经系统的功效。

基本分类

绿茶类花茶：茉莉花茶、桂花花茶、柚子花茶、桂花龙井、茉莉香菊。

红茶类花茶：玫瑰红茶。

青茶类花茶：桂花铁观音、茉莉乌龙、桂花乌龙、树兰色种。

名茶冲泡与品鉴

茉莉花茶（他年我若修花使，列做人间第一香）

花茶是集茶味之美、花之香于一体的茶中珍品。它是利用烘青毛茶及其他茶类毛茶的吸附特性和鲜花的吐香特性的原理，将茶叶和鲜花拌和制成的，常见的花茶有茉莉花茶、菊花茶等，其中以茉莉花茶最有名。

品茗最佳季节：春季
养生功效：清肝明目、祛痰治痢、通便利水、祛风解表、降血压、抗衰老

外形：紧秀匀齐、细嫩多毫
色泽：深绿

汤色：黄绿明亮
香气：浓郁
滋味：醇和

叶底：黄绿柔软

春天的气味

茉莉花茶是花茶的珍品，迄今已有700余年的历史，有着"在中国的花茶里，可闻春天的气味"的美誉，是我国乃至全球的天然保健品。茉莉花茶是将茶叶和茉莉鲜花进行拼和、窨制，使茶叶吸收花香而成的，茶香与茉莉花香交互融合。茉莉花茶使用的茶叶称茶胚，多数以绿茶为多，少数也有红茶和乌龙茶。

茶颜观色

茉莉花茶干茶条索紧细匀整，色泽黑褐油润；冲泡后叶底嫩匀柔软。

闲品茶汤滋味长

闻香后，待茶汤稍凉适口时，小口喝入，并将茶汤在口中稍事停留，以口吸气、鼻呼气相配合的动作，使茶汤在舌面上往返流动6次，充分与味蕾接触，品尝茶叶和香气后再咽下，这叫"口品"。民间对饮茉莉花茶有"一口为喝，三口为品"之说。

制茶亦有道

花茶窨制过程主要是鲜花吐香和茶胚吸香的过程。茉莉鲜花的吐香是生物化学变化，成熟的茉莉花在酶、温度、水分、氧气等作用下，分解出芬香物质，随着化学变化而不断地吐出香气来。茶胚吸香是在物理吸附作用下，随着吸香同时也吸收大量水分，由于水的渗透作用，产生了化学吸附，在湿热作用下，发生了复杂的化学变化，茶汤从绿逐渐变黄亮，滋味由淡涩转为浓醇，形成特有的花茶的香、色、味。

选茶不外行

茉莉花茶因为选择的基茶不同，干茶外形也有所不同。干茶破碎较多，不完整的为劣质茶；干茶匀整，条索紧细芽毫显露的为品质较好的茶。根据工艺的不同，成品干茶中是否含有干茉莉花瓣，含多少茉莉花瓣并不是鉴别茉莉花茶优劣的标准。

家庭巧存茶

茉莉花茶的保存和其他茶叶一样，应放在密封、通风、干燥、避光和低温的环境下。茉莉花茶属于再加工茶，放久了不仅香气和口感会变淡，还容易变质，因此建议不可久置。

茶事历历

花茶的窨制传统工艺程序：玉兰花打底、茶胚与茉莉鲜花拼和、堆窨、通花、收堆和起花、烘焙、冷却、转窨或提花、匀堆、装箱。

茶艺准备

适宜茶具：盖碗

水温：85℃左右

茶水比例：1（克茶）：50（毫升水）

冲泡方法：盖碗冲泡

备盏候香茶

冲泡技艺

准备：将足量水烧沸，待水温降到85℃左右备用。

温具：向盖碗里注入少量热水，温杯润盏。杯身和杯盖都要温烫到。

投茶：用茶则将茉莉花茶取出，并投入盖碗中。

冲水：冲水至七分满，盖好杯盖。

敬茶：双手持杯托，将茶敬给客人。

茶事历历

　　花茶的窨制也很讲究，有三窨一提、五窨一提、七窨一提之说。就是说做花茶用1批的绿茶做原料，但鲜花却要用3~7批，才能让绿茶充分吸收花的香味。绿茶吸收完鲜花的香味后，就筛出废花渣，所以高档的花茶冲泡多次都有香味。

　　高档的花茶是不见有什么花朵的，最多只是用少量来作点缀；而低档的花茶是不经鲜花窨制或窨制的次数较少，然后买来人家吸收过香味后的废花渣拌入绿茶中，让人误认为是好的花茶，看上去花特多，但冲泡一两次就没有香味了。

闻香：一手持杯托，一手按杯盖让前沿翘起闻香。

品饮：品饮盖碗茶的时候，女士用双手，左手持杯托，品饮时右手让杯盖后延翘起，从缝隙中品茶。

男士品饮盖碗茶时则用一只手，不用杯托，直接用拇指和中指握住碗沿，食指按碗盖让后延翘起，品饮。

刮沫：用杯盖轻刮汤面，拂去茶叶。

冲泡要领：冲泡茉莉花茶时，头泡应低注，冲泡壶口紧靠杯口，直接注于茶叶上，使香味缓缓浸出；二泡采用中斟，壶口稍离杯口注入沸水，使茶水交融；三泡采用高冲，壶口离茶杯口稍远冲入沸水，使茶叶翻滚，茶汤回荡，花香飘溢。

茉莉花茶的传说

传说有一年冬天，北京茶商陈古秋邀来一位品茶大师，研究北方人喜欢喝什么茶。正在品茶评论之时，陈古秋忽然想起有位南方姑娘曾送给他一包茶叶未品尝过，便寻出那包茶，请大师品尝。

冲泡时，碗盖一打开，先是异香扑鼻。接着在冉冉升起的热气中，看见一位美貌姑娘，两手捧着一束茉莉花，一会功夫又变成了一团热气。陈古秋不解，就问大师，大师笑着说："这乃茶中绝品'报恩仙'，过去只听说过，今日才亲眼所见"。便询问来历，陈古秋就讲述了三年前去南方购茶住客店遇见一位孤苦伶仃少女的经历。那少女诉说家中停放着父亲尸身，无钱殡葬，陈古秋深为同情，便取了一些银子给她，并请邻居帮助她搬到亲戚家去。

三年过去，今春又去南方时，客店老板转交给他这一小包茶叶，说是三年前那位少女交送的。当时未冲泡，谁料是珍品。大师说："这茶是珍品，是绝品，制这种茶要耗尽人的精力，这姑娘可能你再也见不到了。"陈古秋说当时问过客店老板，老板说那姑娘已死去一年多了。两人感叹一会，大师忽然说："为什么她独独捧着茉莉花呢？"两人又重复冲泡了一遍，那手捧茉莉花的姑娘又再次出现。

陈古秋一边品茶一边悟道："依我之见，这是茶仙提示，茉莉花可以入茶。"次年便将茉莉花加到茶中，果然制出了芬芳诱人的茉莉花茶，深受北方人喜爱，从此便有了一种新的茶叶品种茉莉花茶。

下篇 茶艺百科知识

所谓茶艺知识，
其中所蕴含的
不仅是吸取了天地精华的茶叶，
更重要的是它背后
中华民族五千年的历史文化内涵，
如果没有后者，
茶不过就是一种解渴的饮料而已。

茶事知多少

茶树：南方有嘉木

"茶者，南方之嘉木也。"顺着《茶经》里的记载，一次次展开想象，遥对那云南思茅地区已有2700多年历史至今仍然存活着的野生茶树，还有那片茂密的原始森林，不禁想起了"神农尝百草"的传说。中国是世界上最早发现茶树和利用茶树的国家，茶树的栽培已有几千年的历史。

茶树起源

茶起源于何时？按植物分类学的方法，可以追根溯源，先找到茶树的亲缘。据研究，茶树所属的被子植物起源于中生代的早期，双子叶植物的繁盛时期都是在中生代的中期，而山茶科植物化石的出现又是在中生代末期白垩纪地层中。在山茶科里，山茶属是比较原始的一个种群，它发生在中生代的末期至新生代的早期；而茶树在山茶界中又是比较原始的一个种。所以，据植物学家分析，茶树起源至今已有6000万~7000万年历史了。

茶树的形态

茶树是由根、茎、叶、花、果实和种子等器官组成，它们分别执行着不同的生理功能，这些器官有机地结合为一个整体，共同完成茶树的新陈代谢及生长发育过程。茶树树型一般分为乔木型、小乔木型、灌木型三种。

乔木型

茶树主干明显，分枝部位高，树高通常3米以上，野生茶树可高10米以上。这类茶树主根发达，多半属较原始的野生类型。乔木型茶树抗寒性弱。只适合在南方生长，采摘的叶子适合作红茶，主要分布于我国的云南、广东、台湾等地。

小乔木型

属于乔木、灌木间的中间类型，有较明显的主干与较高的分枝部位。此类茶树适应性强，采摘的叶子适合作乌龙茶、红茶，也有制绿茶的，主要分布于我国的江南茶区南部。

茶艺全书：知茶 泡茶 懂茶

灌木型

无明显的主干，树冠较矮小，自然状态下，树高通常达 1.5~3 米，分枝多出自近地面根茎处，分枝稠密。这种茶树叶子小，一般用来制绿茶，我国种植的面积较广。

生长环境

土壤：一般是土层厚 1 米以上，不含石灰石，排水良好的砂质壤土，有机质含量1% 以上，通气性、透水性或蓄水性能好。酸碱度 pH 值 4.5~6.5 为宜。

雨量：雨量平均，且年雨量在 1500 毫米以上。不足和过多都对茶树生长有影响。

阳光：光照是茶树生存的首要条件，不能太强也不能太弱，茶树对紫外线有特殊嗜好，因而高山出好茶。

温度：一是气温，二是地温，气温日平均需 10℃；最低不能低于 -10℃。年平均温度应在 18~25℃。

地形：地形条件主要指海拔、坡地、坡向等。随着海拔的升高，气温和湿度都有明显的变化，在一定高度的山区，雨量充沛，云雾多，空气湿度大，漫射光强，这对茶树生育有利。但地形也不是越高越好，在 1000 米以上会有冻害。偏南坡为好，坡度不宜太大，一般要求 30° 以下。

茶事历历

为什么"高山云雾出好茶"？茶树是喜荫植物，"茶宜高山之阴，而喜日阳之早"概括了茶树对环境的要求，明确指出优质茶叶产于向阳山坡有树木荫蔽的生态环境。茶树起源于我国西南地区亚热带雨林之中，在人工栽培之前，它和热带森林植物共生，被高大树木所荫蔽，在漫射光多的条件下生长发育，因此形成了喜温、喜湿、耐荫的生活习性。

自古以来，名茶就与名山大川有着不解之缘。高山云雾出好茶，早就为人们所认知。在海拔 800~1200 米的山地，云雾多、漫射光多、湿度大、昼夜温差大，正好满足了茶树生长发育对环境条件的要求。

茶史：一杯清茶五千年

原始社会

传说茶叶被人类发现是在公元前 28 世纪的神农时代，《神农百草经》有"神农尝百草，日遇七十二毒，得茶而解之"之说，是茶叶药用的开始。

西周

据《华阳国志》载"公元前 1000 年周武王伐纣时，巴蜀一带已用所产茶叶作为纳贡珍品"，是茶作为贡品最早的记述。

东周

春秋时期婴子相齐景公时，公元前 547~490 年，据《晏子春秋》载"食脱粟之饭，炙三弋五卵，茗茶而已"，表明茶叶已经作为菜肴汤料供人食用。

西汉

公元前 59 年，据《僮约》记载"烹茶尽具""武阳买茶"，这表明四川一带已有茶叶作为商品出现，是茶叶贸易的最早记载。

东汉

东汉末年、三国时代的医学家华佗在《食论》中记载"苦茶久食，益意思"，是茶叶药理功效的第一次记述。

三国

史书《三国志》述吴国君主孙皓即孙权后代，有"密赐茶以当酒"，是以茶代酒的最早记载。

隋

茶的饮用开始普及，并逐渐由药用演变为社交饮料，但是主要还是在社会上层中享用。

唐

唐代是茶作为饮料扩大普及的时期，并从社会的上层走向全民。唐太宗大历五年即公元 770 年开始在顾渚山今浙江长兴建贡茶院，每年清明前督制"顾渚紫笋"饼茶，进贡皇朝。唐德宗建中元年即公元780年，纳赵赞议，开始征收茶税。公元8世纪后陆羽《茶经》问世。唐顺宗永贞元年即公元805年，日本僧人最澄大师从中国带茶籽回国，这是茶叶传入日本的最早记载。唐懿宗咸通十五年即公元874年出现专用的茶具。

宋

宋太宗赵炅太平兴国年间即公元976年开始在建安今福建建瓯设宫，专造北苑贡茶，从此龙凤团茶有了很大发展。宋徽宗赵佶在大观元年间即公元1107年亲著《大观茶论》一书，以帝王之尊倡导茶学，弘扬茶文化。

明

明太祖洪武六年即公元1373年，设茶司马，专门司茶贸易事。明太祖朱元璋于洪武二十四年即公元1391年9月发布诏令，废团茶，兴叶茶，从此贡茶由团饼茶改为芽茶即散叶茶，对炒青叶茶的发展起了积极作用。1610年荷兰人自澳门贩茶，并转运入欧。1618年，皇朝派钦差大臣入俄，并向俄皇馈赠茶叶。

清

1657年，中国茶叶在法国市场销售。康熙八年即1669年，东印度公司开始直接从万丹运华茶入英。康熙二十八年即1689年，福建厦门茶叶150担，开中国内地茶叶直接销往英国市场之先声。1690年中国茶叶获得美国波士顿出售特许执照。光绪三十一年即1905年中国首次组织茶叶考察团赴印度、锡兰（今斯里兰卡）考察茶叶产制，并购得部分制茶机械，宣传茶叶机械制作技术和方法。光绪二十二年即1896年福州市成立机械制茶公司，是中国最早的机械制茶业。

茶圣：陆羽与茶经

陆羽之后，才有茶字，也才有茶学。茶就是"人在草木间"。美人如诗，草木如织，在中国人的观念里，天人合一就是自然之道。茶来自草木，因人而获得独特价值。确切地说，茶是因为陆羽摆脱自然束缚获得解放，成为华夏的饮食和精神缩影。

千古第一茶人

中国好茶者无数，从王公贵族到贩夫走卒，从文人骚客到平民白丁，称得上"千古第一茶人"的，非唐朝陆羽莫属。在中国茶文化史上，他所创造的一套茶学、茶艺、茶道思想，以及他所著的《茶经》，是一个划时代的标志。

弃佛从文

相传陆羽是个孤儿，被智积禅师抚养长大。陆羽虽身在庙中，却不愿终日诵经念佛，而是喜欢吟读诗书。当他执意要求下山求学，遭到了禅师的反对。禅师为了给陆羽出难题，同时也是为了更好地教育他，便叫他学习冲茶。在钻研茶艺的过程中，陆羽碰到了一位好心的老婆婆，不仅学会了复杂的冲茶技巧，还学会了不少读书和做人的道理。当陆羽最终将一杯热气腾腾的茶端到禅师面前时，禅师终于答应了他下山读书的要求。

陆羽对茶的研究是多方面的，茶叶的选择、泉水的鉴赏、茶器的制作、饮茶的礼节都有相当的研究，他还自己亲自设计制作了一些煮茶的风炉等茶具。有很多名泉、名茶都有陆羽的传说甚至以陆羽为名。后世尊其为"茶圣""茶神"。

茶艺全书：知茶 泡茶 懂茶

茶文化的圣经

自唐初以来，各地饮茶之风渐盛。但饮茶者并不一定都能体味饮茶的要旨与妙趣。于是，陆羽决心总结自己半生的饮茶实践和茶学知识，写出一部茶学专著。这本著作到最后完成共经历了十几年的时间，是我国第一部茶学专著，也是中国第一部茶文化专著，即使在今天，仍然具有很大的实用价值。

《茶经》共三卷十章七千余字，分别为：卷一，一之源，二之具，三之造；卷二，四之器；卷三，五之煮，六之饮，七之事，八之出，九之略，十之图。《茶经》是唐代和唐以前有关茶叶的科学知识和实践经验的系统总结；是陆羽躬身实践，笃行不倦，取得茶叶生产和制作的第一手资料后，又遍稽群书，广采博收茶家采制经验的结晶。

《茶经》一问世，即风行天下，为世人所学习和珍藏。在《茶经》中，陆羽除全面叙述茶区分布、茶叶的生长、种植、采摘、制造、品鉴外，还介绍了首先为他所发现的许多名茶。如浙江长城（今长兴县）的顾渚紫笋茶，经陆羽评为上品，后列为贡茶；义兴郡（今江苏宜兴）的阳羡茶，则是陆羽直接推举入贡的。

顺着神农尝百草，发现茶、利用茶的历史脉络，凡与"茶"字有关的都网罗过来，天下茶书无数，都抵不过陆羽的一本《茶经》。

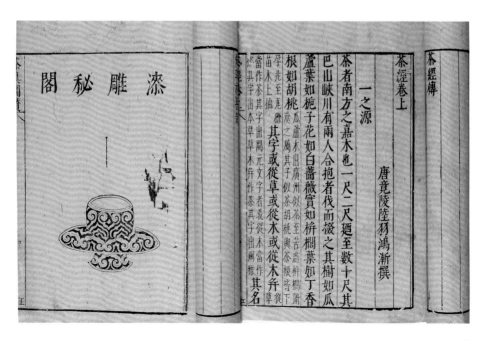

茶诗：品茶吟唱赏茶诗

茶是随性之物，既可进柴门，也可登大雅之堂。在百姓那里可以与"油盐酱醋"为伍，在文人那里又与"琴棋书画"等高雅之事为伴。茶成了中国古代文人生活的重要内容之一，亦成了文人进行文学创作的重要题材。

茶与文学联系在一起最早可以追溯到2000多年以前，中国第一部诗集《诗经》中有"堇茶如饴""谁谓茶苦，其甘如荠"的诗句。至今，有关茶的诗词、品文、散文、小说、茶联、茶谚、茶谜等文学作品浩如烟海。

中国最早的茶诗，是西晋文学家左思的《娇女诗》。全诗280言56句，陆羽《茶经》选摘了其中12句：

> 吾家有娇女，姣姣颇白皙。
> 小字为纨素，口齿自清历。
> 其姊字惠芳，眉目粲如画。
> 驰骛翔园林，果下皆生摘。
> 贪华风雨中，倏忽数百适。
> 止为荼荈剧，吹嘘对鼎沥。

这首诗生动地描绘了一双娇女调皮可爱的神态。在园林中游玩，果子尚未熟就被摘下来。虽有风雨，也流连花下，一会儿功夫就跑了几百圈。口渴难熬，她们只好跑回来，模仿大人，急忙对嘴吹炉火，盼望早点煮好茶水解渴。诗人词句简洁、清新，不落俗套，为茶诗开了一个好头。

在众多咏茶诗中，形式奇特者要数唐代诗人元稹的《一言至七言诗》，又称"宝塔诗"：

> 茶。
> 香叶，嫩芽。
> 慕诗客，爱僧家。
> 碾雕白玉，罗织红纱。
> 铫煎黄蕊色，碗转曲尘花。
> 夜后邀陪明月，晨前命对朝霞。
> 洗尽古今人不倦，将至醉后岂堪夸。

茶艺全书：知茶 泡茶 懂茶

此诗奇巧，虽然在格局上受到"宝塔"的限制，但是，诗人仍然写出了茶与诗客、僧家以及被他们爱慕的明月夜、早晨饮茶的情趣。

最早的咏名茶诗，是李白的《答族侄僧中孚赠玉泉仙人掌茶》：

尝闻玉泉山，山洞多乳窟。

仙鼠如白鸦，倒悬清溪月。

茗生此中石，玉泉流不歇。

根柯洒芳津，采服润肌骨。

丛老卷绿叶，枝枝相接连。

曝成仙人掌，似拍洪崖肩。

举世未见之，其名定谁传。

宗英乃禅伯，投赠有佳篇。

清镜烛无盐，顾惭西子妍。

朝坐有余兴，长吟播诸天。

以茶而言，此诗详细地介绍了仙人掌茶的产地、环境、外形、品质和功效。诗人写仙人掌茶的外形、品质和功效等，绝无茶叶生产专用术语，而是形象化的描述，并以浪漫主义的手法、夸张的笔触描绘了此茶的生长环境。

据统计，在众多诗人当中，宋代诗人陆游咏茶诗写得最多，有 300 余首。而写得最长的，要数大诗人苏东坡的《寄周安孺茶》，五言，120 句，600 字。这首诗开头说在浩瀚的宇宙中，茶是草木中出类拔萃者；结尾说人的一生有茶这样值得终生相伴的清品，何必再像刘伶那样经常弄得醺醺大醉呢？此诗赞茶云：

灵品独标奇，迥超凡草木。

香浓夺兰露，色软欺秋菊。

清风击两腋，去欲凌鸿鹄。

乳瓯十分满，人世真局促。

意爽飘欲仙，头轻快如沐。

茶画：妙解琴棋书画茶

茶与画先天有缘，欣赏一些书画作品，比如册页或手卷，便非得有清茶一杯在手旁，才能更从容地观摩。

在现存的史册中，能够查到的与茶有关的最早绘画，是唐朝的《调琴啜茗图卷》。开元年间，不仅只是茶和诗的蓬勃发展年代，也是我国国画的兴盛时期。著名画家就有李思训、李昭道父子（俗称大李和小李将军）以及卢鸿、吴道子、卢楞伽、张萱、梁令瓒、郑虔、曹霸、韩干、王洽、韦大忝、陈闳、翟琰、杨庭光、范琼、陈皓、彭坚、杨宁、王维、杨升、张噪、周方、杜庭睦、毕宏等数十人。

五代时，西蜀和南唐都专门设立了画院，邀集著名画家入院创作。宋代也继承了这种制度，设有翰林图画院。在国子监也开设了画学课。所以在宋代以后，特别是与今较近的明清，以茶为画，不仅有关记载，而且存画也逐渐多了起来。宋代现存最完整的茶事美术作品，首推北宋的"妇女烹茶画像砖"。画像砖是汉以前就流行的一种雕画结合的形式，但唐代以后渐趋稀少。北宋这件妇女烹茶画像砖，画面为一高髻宽领长裙妇女，在一炉灶前烹茶，灶台上放有茶碗、茶壶，妇女手中还一边在擦拭着茶具。整个造型显得古朴典雅，用笔细腻。

此外，据记载，南宋著名画家刘松年还曾画过一幅《斗茶图卷》。刘松年是南宋钱塘（今杭州）著名的杰出画家。淳熙年间学画于画院，绍熙时任职画院待诏，他擅长山水兼工人物，施色妍丽，和李唐、马远、夏圭并称"南宋四家"，可惜的是这幅《斗茶图卷》没有传存下来。

不过，刘松年的《斗茶图卷》虽然不见，但宋代著名书画家赵孟頫所作的同名画——《斗茶图》则流传了下来。其画一脱南宋"院体"，自成风格，对当时和后世的画风影响很大。《斗茶图》中共画了四个人物，旁边放有几副盛放茶具的茶担，左前一人手持茶杯，一手提一茶桶，袒胸露臂，显得满脸得意的样子。身后一人一手持一杯，一手提壶，作将壶中茶水倾入杯中之态。另两人站一旁，目注视前者。由衣着和形态来看，斗茶者似把自己研制茶叶拿来评比，斗志激昂，姿态认真。斗茶始见于唐，盛行于宋，元朝贡茶虽然沿袭宋制进奉团茶、饼茶，但民间一般多改饮叶茶、末茶，所以赵孟頫的《斗茶图》，也可以说是我国斗茶行将消失前的最后留画。

茶歌：东山西山采茶忙

想象一下，在青山绿水间，面对着郁郁葱葱的茶树，身在其中，怎么能让人不想一展歌喉？

来源

茶歌的来源，一是由诗为歌，即由文人的作品而变成民间歌词的。还有是由谣而歌，民谣经文人的整理配曲再返回民间。茶歌的再一个也是主要的来源，就是完全由茶农和茶工自己创作的民歌或山歌。

从现存的茶史资料来说，茶叶成为歌咏的内容，最早见于西晋的孙楚《出歌》，其称"姜桂茶荈出巴蜀"，这里所说的"茶"，指的就是茶。

采茶调

在西南山区，孕育产生出了专门的"采茶调"，使采茶调发展成为我国传统民歌的一种形式。当然，采茶调变成民歌的一种格调后，其歌唱的内容就不一定限于茶事的范围了。在我国西南的一些少数民族中，也演化产生了不少诸如"打茶调""敬茶调""献茶调"等曲调。如居住在滇西北的藏胞，生活中，随处都会高唱民歌：挤奶时，唱"格奶调"；结婚时，唱"结婚调"；宴会时，唱"敬酒调"；青年男女相会时，唱"打茶调""爱情调"。

茶歌拾贝

《武夷山茶歌》

清明过了谷雨边，背起包袱走福建。
想起福建无走头，三更半夜爬上楼。
三捆稻草搭张铺，两根杉木做枕头。
想起崇安真可怜，半碗腌菜半碗盐。
茶叶下山出江西，吃碗青茶赛过鸡。
采茶可怜真可怜，三夜没有两夜眠。
茶树底下冷饭吃，灯火旁边算工钱。
武夷山上九条龙，十个包头九个穷。
年轻穷了靠双手，老来穷了背竹筒。

《彩茶歌》

彩茶清洁笑颜开，
香透玉兰郎莫猜。
红粉佳人早有意，
风流才子抱琴来。

《传茶词》

执茶者执茶，
司杯者捧杯。
当茶一献，
礼性三让，
夫妻相和好，
琴瑟与笙簧。

茶人：生活艺术家

一个有意思的问题是，什么人可以被称为茶人？

茶人不是一种身份，更不是职业。

茶人，原本有两个解释：一是精于茶道之人，二是采茶之人或者制茶之人。还应该宽泛些，因为何为茶道，茶究竟有没有必要上升到道的地步，历来都有不同看法，只要是爱茶、惜茶的人，即使不够精于此道，都可以算作茶人。茶人是一种生活方式，一种生活艺术。

古人茶事

自古至今，有许多名人与茶结缘，不仅写有许多对茶吟咏称道的诗章，还留下了不少煮茶品茗的趣事轶闻。

唐代陆羽，善于煮茶、品茶，耗一生之功著成《茶经》，流传千古，后世尊为"茶圣"。

卢仝一生爱茶成癖，他的一曲《饮茶歌》，自唐代以来，历经宋、元、明、清各代，传唱千年不衰，至今茶家诗人咏到茶时，仍屡屡吟及。其中的"七碗茶诗"之吟，最为脍炙人口："一碗喉吻润，二碗破孤闷。三碗搜枯肠，惟有文字五千卷。四碗发轻汗，平生不平事，尽向毛孔散。五碗肌骨清。六碗通仙灵。七碗吃不得也，唯觉两腋习习清风生。"他以神乎其神的笔墨描写了饮茶的感受，茶对他来说不只是一种口腹之饮，茶似乎给他创造了一片广阔的精神世界。《饮茶歌》的问世，对于传播饮茶的好处，使饮茶的风气普及到民间，起到了推波助澜的作用。

"扬州八怪"之一的郑板桥，他向往的是"黄泥小灶茶烹陆，白雨幽窗字学颜。"（《赠博也上人》）那样一种清淡自然的生活。他在《题画》中说："茅屋一间，新篁数竿，雪白纸窗，微浸绿色。此时独坐其中，一盏雨前茶，一方端砚石，一张宣州纸，几笔折枝花，朋友来至，风声竹响，愈喧愈静。"翰墨、香茗和友情，才是最令他欢乐和陶醉的。

如果说宋人杜小山的诗

寒夜客来茶当酒，竹炉汤沸火初红。
寻常一样窗前月，才有梅花便不同。

是一幅"寒夜品茗赏梅图"，那么郑板桥这首诗便是"清秋品茗赏竹画"了。

不风不雨最清和，翠竹亭亭好节柯。
最爱晚凉佳客至，一壶新茗泡松萝。

近现代文学家中，爱好饮茶的人颇多，其中不少人对茶文化很有兴趣。

鲁迅谈茶

鲁迅爱品茶，经常一边构思写作，一边悠然品茗。他客居广州时，曾经赞道："广州的茶清香可口，一杯在手，可以和朋友作半日谈"。因此，当年广州陶陶居、陆园、北园等茶居，都留下他的足迹。他对品茶有独到见解，曾有一段著名妙论："有好茶喝，会喝好茶，是一种清福，首先就必须练功夫，其次是练出来的特别感觉。"

郭沫若题咏名茶

郭沫若从青年时代就喜爱饮茶，而且是品茶行家，对中国名茶的色、香、味、形及历史典故很熟悉。1964年，他到湖南长沙品饮高桥茶叶试验站新创制的名茶——高桥银峰，对其大为赞赏，写下《初饮高桥银峰》诗：

> 芙蓉国里产新茶，九嶷香风阜万家。
> 肯让湖州夸紫笋，愿同双井斗红纱。
> 脑如冰雪心如火，舌不怠来眼不花。
> 协力免教天下醉，三闾无用独醒嗟。

老舍品茗著《茶馆》

著名文学家老舍是位饮茶迷，还研究茶文化，深得饮茶真趣。他多次说过这样精辟的话："喝茶本身是一门艺术。本来中国人是喝茶的祖先，可现在在喝茶艺术方面，日本人却走在我们前面了。"他以清茶为伴，文思如泉，创作《茶馆》，通过对旧北京裕泰茶馆的兴衰际遇的描写，反映从戊戌变法到抗战胜利后50多年的社会变迁，成为饮茶文学的名作，轰动一时。

茶俗：千里不同风，百里不同俗

古人云："千里不同风，百里不同俗。"不同地方的人，自然饮茶的习惯和爱好也会有所不同。而这些不同地方的饮者，更是传承了形形色色的茶俗。

汉族的清饮

汉民族的饮茶方式，大致有品茶和喝茶之分。大抵说来，重在意境，以鉴别香气、滋味，欣赏茶姿、茶汤，观察茶色、茶形为目的，谓之品茶。倘在劳动之际，汗流夹背，或炎夏暑热，以清凉、消暑、解渴为目的，手捧大碗急饮者，或不断冲泡，连饮带咽者，谓之喝茶。汉族饮茶，虽然方式有别，目的不同，但大多推崇清饮，无须在茶汤中加入姜、椒、盐、糖之类作料，属纯茶原汁本味饮法，认为清饮能保持茶的"纯粹"和"本色"。

藏族酥油茶

酥油茶是一种在茶汤中加入酥油等作料，经特殊方法加工而成的茶汤。酥油茶滋味多样，喝起来咸里透香、甘中有甜，它既可暖身御寒，又能补充营养。在西藏草原或高原地带，人烟稀少，家中少有客人进门。偶尔有客来访，可招待的东西很少，加上酥油茶的独特作用，因此，敬酥油茶便成了西藏人款待宾客的礼仪。

维吾尔族的香茶

居住在新疆天山脚下的维吾尔族，主食最常见的是用小麦面烤制的馕，色黄、又香又脆，形若圆饼。进食时，总喜与香茶伴食，平日也爱喝香茶。他们认为，香茶有养胃提神的作用，是一种营养价值极高的饮料。新疆南部的维吾尔族老乡喝香茶，习惯于一日三次，与早、中、晚三餐同时进行，通常是一边吃馕，一边喝茶，这种饮茶方式，与其说把它看成是一种解渴的饮料，还不如把它说成是一种佐食的汤料，实是一种以茶代汤、用茶作菜之举。

蒙古族的咸奶茶

喝咸奶茶是蒙古族人们的传统饮茶习俗。在牧区，他们习惯于"一日三餐茶"，却往往是"一日一顿饭"。每日清晨，主妇第一件事就是先煮一锅咸奶茶，供家人全天享用。蒙古族喜欢喝热茶，早上，他们一边喝茶一边吃炒米，将剩余的茶放在微火上暖着，供随时取饮。通常一家人只在晚上放牧回家才正式用餐一次，但早、中、晚三次喝咸奶茶一般是不可缺少的。

土家族的擂茶

土家族兄弟都有喝擂茶的习惯。一般人们中午干完活回家，在用餐前总以喝几碗擂茶为快。有的老年人倘若一天不喝擂茶，就会感到全身乏力，精神不爽，视喝擂茶如同吃饭一样重要。不过，倘有亲朋进门，那么，在喝擂茶的同时，还必须设有几碟茶点。茶点以清淡、香脆食品为主，诸如花生、薯片、瓜子、米花糖、炸鱼片之类，以添喝擂茶的情趣。

回族的刮碗子茶

回族饮茶，方式多样，其中有代表性的是喝刮碗子茶。刮碗子茶用的茶具，俗称"三件套"。它有茶碗、碗盖和碗托或盘组成。茶碗盛茶，碗盖保香，碗托防烫。喝茶时，一手提托，一手握盖，并用盖顺碗口由里向外刮几下，这样一则可拨去浮在茶汤表面的泡沫，二则使茶味与添加食物相融，刮碗子茶的名称也由此而生。刮碗子茶用的多为普通炒青绿茶。冲泡茶时，茶碗中除放茶外，还放有冰糖与多种干果，诸如苹果干、葡萄干、柿饼、桃干、红枣、桂圆干等，有的还要加上白菊花、芝麻之类，通常多达八种，故也有人美其名曰"八宝茶"。

白族的三道茶

白族是一个好客的民族，在逢年过节、生辰寿诞、男婚女嫁、拜师学艺等喜庆日子里，或是在亲朋宾客来访之际，都会以"一苦、二甜、三回味"的三道茶款待。

第一道茶，称之为"清苦之茶"，寓意"要立业，就要先吃苦"。制作时由司茶者将一只小砂罐置于文火上烘烤。由于这种茶经烘烤、煮沸而成，因此，看上去色如琥珀，闻起来焦香扑鼻，喝下去滋味苦涩，故而谓之苦茶，通常只有半杯，一饮而尽。

第二道茶，称之为"甜茶"。当客人喝完第一道茶后，主人重新用小砂罐置茶、烤茶、煮茶，与此同时，还得在茶盅中放入少许红糖，待煮好的茶汤倾入盅内八分满为止。这样沏成的茶，甜中带香，甚是好喝，它寓意"人生在世，做什么事，只有吃得了苦，才会有甜香来"。

第三道茶，称之为"回味茶"。其煮茶方法虽然相同，只是茶盅中放的原料已换成适量蜂蜜、少许炒米花，若干粒花椒，一撮核桃仁，茶汤容量通常为六七分满。这杯茶，喝起来甜、酸、苦、辣，各味俱全，回味无穷。它告诫人们，凡事要多"回味"，切记"先苦后甜"的哲理。

茶与健康

茶之功效

中国茶不仅是中国的一种文化符号，更是国人千百年来养生健体的一种重要方式。现在，我们就来一起揭开这小小的一片茶叶里所隐藏的奇妙功效。

茶叶的保健功效

消脂减肥

茶叶中的咖啡碱能提高胃液分泌量，有助于消化，增强分解脂肪能力。其中又以绿茶、乌龙茶的消脂功效最为显著，中医临床用的减肥茶中主要原料就是乌龙茶，基本上没有副作用。

抑制心血管疾病

人体内胆固醇、甘油三酯等含量过高，就会出现血管内壁脂肪沉积，形成动脉粥样硬化，引发心血管疾病。茶叶中的茶多酚对人体脂肪代谢能起到重要作用，茶多酚中的儿茶素有助于抑制这种斑块增生，从而抑制动脉粥样硬化。

预防糖尿病

茶水中的复合多糖对降血糖有积极的作用。据研究，中度或轻度糖尿病患者常喝茶可以辅助降低血糖。

延缓衰老

人体内的自由基过多，会加速人体老化。茶叶中的茶多酚具有很强的抗氧化性和生理活性，是人体自由基的清除剂。所以，喝茶既可延缓人体内脏器官衰老，也可延缓皮肤老化。

醒脑提神

茶叶中的咖啡碱能促使人体中枢神经兴奋，增强大脑皮层的兴奋过程，促进新陈代谢和血液循环，消除疲倦，起到提神益思、清心的效果。

提高人体免疫力，防癌抗癌

茶叶中的茶多酚对胃癌、肠癌等多种癌症有显著的抗基因突变的功效，能有效阻断亚硝胺等多种致癌物质在体内合成，并具有直接杀伤癌细胞和提高人体免疫力的作用。

防止龋齿

茶叶中含有较多的水溶性氟元素，饮茶就如同使用含氟的牙膏刷牙。茶叶中儿茶素（茶单宁）能抑制龋菌，可明显降低牙菌斑和牙周病的发病率。

防辐射

辐射对人体的损伤主要是自由基引发的多种连锁反应，而茶叶中含有较多的茶多酚、咖啡碱和维生素C，都有去除自由基的作用。茶多酚及其氧化产物还具有吸收放射性物质的能力。因此长期使用电脑的人，常喝茶可减轻电脑辐射对身体的危害。

利尿解乏

茶叶中的咖啡碱可刺激肾脏，促使尿液排出体外，提高肾脏的滤出率，减少有害物质在肾脏中的滞留时间。同时，咖啡碱可排除尿液中的过量乳酸，有助人体快速消除疲劳。

护发明目

用茶水洗发可使头发乌黑柔顺、光泽亮丽。饮茶可以明目，茶叶中的胡萝卜素是眼内视网膜所需的主要成分之一，而维生素 B_1、维生素 B_2 以及维生素 C 等元素也都对眼睛有益处。

茶叶中的营养成分

古人主要通过茶叶特性来认识和发挥其药用价值，现代则主要通过分析研究茶叶所含的成分来发掘茶叶的保健功效。那么茶叶中究竟含有哪些成分让它具有如此神奇的功效呢？

茶多酚

茶多酚是茶叶中 30 多种酚类物质的总称，是形成茶叶色香味的主要成分之一，也是茶叶中有保健功效的主要成分之一。其中黄酮类物质是形成茶叶汤色的主要物质之一，儿茶素约占 70%，是决定茶叶色、香、味的重要成分；花青素呈苦味，如花青素过多，茶叶品质就会受到影响；酚酸含量较低，包括绿原酸、咖啡酸等。

生物碱

茶叶中的生物碱包括咖啡碱、可可碱和茶碱。其中以咖啡碱的含量最多，而其他的含量较少，所以咖啡碱的含量也作为鉴别真假茶的标准之一。咖啡碱易溶于水，是形成茶叶滋味的重要物质。可以提神、利尿、促进血液循环并有助于消化。

蛋白质与氨基酸

茶鲜叶中原有的以及在茶叶加工过程中降解形成的可溶性蛋白质，在冲泡茶叶时会溶解于水，被人体吸收。茶叶中氨基酸的种类很丰富，多达 25 种以上，对促进生长和智力发育、增强造血功能、防止早衰等都有显著作用。

维生素

茶叶中含丰富的维生素，分为脂溶性维生素和水溶性维生素两类。脂溶性维生素有胡萝卜素、维生素 D、维生素 E、维生素 K 等，可预防夜盲症、白内障，并有抗癌作用。水溶性维生素有维生素 C、维生素 B_1、维生素 B_2、维生素 B_3、维生素 B_5、维生素 B_{11}、肌醇等，其中维生素 C 含量最多，有防衰老、防治坏血症和贫血、控制乙型肝炎及预防流感等作用。

矿物质元素

茶叶中含有氟、钙、磷、钾、硫、镁、锰、锌、硒、锗等多种矿物质元素。其中钾可维持心脏的正常收缩；锰参与人体多种酶促反应，并与人体的骨骼代谢、生殖功能和心血管功能有关；磷是骨骼、牙齿及细胞核蛋白的主要成分；硒和锗在对抗肿瘤方面有积极作用。

酶类

茶叶中酶类很多，包括氧化还原酶、水解酶、合成酶等等。酶作为一种催化剂，在茶叶加工过程中起着重要的作用，使茶按照所需的要求发生酶促反应而获得各类茶特有的色香味。

糖类

茶叶中的糖类包括单糖、双糖和多糖三类。单糖和双糖为可溶性糖，易溶于水；多糖包括淀粉、纤维素和木质素等物质，不溶于水，是衡量茶叶老嫩度的重要指标，多糖含量高则茶叶嫩度低，多糖含量低则嫩度高。

有机酸

茶叶中有丰富的有机酸，多达25种，多为游离有机酸，如苹果酸、柠檬酸、草酸等。有些是香气成分的良好吸附剂，如棕榈酸等；有些本身无香气，但经氧化后会转化为香气成分。

芳香物质

茶叶中芳香物质是茶叶中挥发性物质的总称，主要成分有醇、酮、酚、醛、酸、酯类、含氮化合物、含硫化合物、碳氢化合物等10多类。据分析，绿茶香气成分化合物达100多种，红茶和乌龙茶香气成分化合物达300种之多。

类脂类

茶叶中的类脂物质包括脂肪、磷脂、甘油酯、糖脂和硫酯等，对形成茶叶香气有着非常重要的作用。

喝对茶 更健康

尽管茶是"万病之药"，但不是任何茶都能适合每一个人。喝茶前先认清自己的体质，才能喝得更健康。

寒性体质

特征：常觉得精神虚弱且容易疲劳。面色苍白、唇色薄淡。手足常冰凉，怕冷，容易出汗。大便稀、小便清白。喜欢喝热饮，很少口渴。

适合的茶类：温热属性的茶材，如红茶、乌龙茶。

热性体质

特征：全身经常发热又怕热，面色通红。脾气差且易心烦。喜欢吃冰凉的东西。喜喝水但仍觉口干舌燥。常便秘或粪便干燥，尿液较少且偏黄。

适合的茶类：寒凉属性的茶材，如绿茶、苦茶、菊花茶。

实性体质

特征：小便为黄色、尿量少且常便秘。活动量大、声音宏亮、精神佳。身体强壮、肌肉有力。脾气较差、心情容易烦躁。易失眠，舌苔厚重、有口干口臭。

适合的茶类：苦寒性的茶材，如绿茶、白茶、苦茶等。

虚性体质

分为阳虚和阴虚，阳虚体质和寒性体质接近，阴虚体质和实性体质接近。

阳虚体质

特征：一般形体胖或面色淡白无华。怕寒喜暖、四肢倦怠。小便清长、大便时稀。唇淡口和。常自汗出、脉沉乏力。

适合的茶类：红茶、乌龙茶、普洱茶等。

阴虚体质

特征：一般形体消瘦、面色潮红。口燥咽干、心中时烦。手足心热。少眠。便干、尿黄。多喜冷饮。脉细数、舌红少苔。

适合的茶类：绿茶、白茶、苦茶等。

各类茶的茶性

绿茶

　　属未发酵的茶，性寒。绿茶具有抗氧化、降血糖、降血压、降血脂、抗菌、抗病毒等保健作用。

红茶

　　为全发酵茶，味甘性温。红茶具有抗氧化、抗癌、防心血管病、暖胃、助消化等作用。

乌龙茶

　　为半发酵茶，介于红茶与绿茶之间，既不寒凉也不温燥。乌龙茶具有降血脂、减肥、抗炎症、抗过敏、防蛀牙、延缓衰老等保健作用。

黑茶

　　为重发酵茶，性温。黑茶具有降血脂、降低胆固醇、抑制动脉硬化、减肥、健美等功效。

白茶

　　为轻发酵茶。白茶具有防暑、解毒等保健作用。

黄茶

　　属轻微发酵的茶。黄茶富含茶多酚、氨基酸、可溶糖、维生素等营养物质，有助消化、杀菌、消炎等功效。

乐饮四季茶

所谓人有人品，茶有茶性。茶叶因品种、产地不同，有寒、温、甘、苦等不同的性能，对人体的功效作用也各异。因此最好分时节喝茶，这样在品茗享受的同时也能给身体加上健康的保障。

春回大地喝花茶

此时人体与大自然一样，处于舒发之际。花茶性温，春饮花茶可以散发漫漫冬季积郁于人体内的寒气，促进人体阳气生发。春天万物复苏，人却容易犯困，此时若沏上一杯浓郁芬芳、清香爽口的花茶，不仅可以提神醒脑，清除睡意，还有助于散发体内的寒气，促进人体阳气的生长。

夏日炎炎饮绿茶

转入夏季，骄阳似火，人体内津液消耗大，常常是大汗淋漓，来杯爽口茶吧，龙井、毛峰、碧螺春等绿茶是最好不过了。此时饮绿茶可消暑、解毒、祛火、止渴、强心提神，绿茶滋味甘香并略带苦寒味，富含维生素、氨基酸、矿物质等营养成分，既可消暑解热，又可增添营养，真是两全其美。

秋高气爽品乌龙

待到秋风送爽、天高地阔的时节，天气干燥，人常常会觉得口干舌燥，此时若来一杯铁观音、大红袍之类的乌龙茶会顿觉温润舒畅。乌龙茶茶性适中，介于红茶、绿茶之间，不寒不热，适合秋天气候。

寒冬腊月吃红茶

进入冬季，天气寒冷，人会觉得缩手缩脚，不愿外出。这时，人体生理机能减退，对能量与营养的要求更高，总不免多吃些高热量、高营养的食物来抵挡寒气。红茶是发酵茶，具有提神益思、解除疲劳等作用。冬季寒冷易伤体内阳气，饮红茶可补阳气、助消化、强身健体。

茶艺全书：知茶 泡茶 懂茶

晨饮绿 午喝花 晚品乌龙茶

  家中有多种茶叶，如何安排饮用？有些人在一天之中，不同时间饮用不同的茶叶，清晨喝一杯淡淡的绿茶，醒脑清心；上午喝一杯茉莉花茶，芬芳怡人，可提高工作效率；午后喝一杯红茶，解困提神；下午工间休息时喝一杯牛奶或喝一杯绿茶加点心、果品，补充营养；晚上可以找几位朋友或家人团聚一起，泡上一壶乌龙茶，边谈心边喝茶，别有一番情趣。这种一日饮茶巧安排，如果有兴趣，不妨试一试。

日常饮茶常见误区

误区一：茶要多泡

　　喝茶一般要冲泡几次，其中的味道和营养才可以完全溶解出来，但也不可冲泡次数过多，那样不但毫无营养，而且茶叶中的一些有害微量元素也会在最后泡出，而影响健康。按茶的品种冲泡：一般红茶、绿茶、花茶冲泡次数以3次为度。用沸水第一次冲泡3分钟后，能溶解出营养素达80%，第二次冲泡，其浸出率就已达到95%以上，经过第三次冲泡后，茶叶中的营养基本上就已全部溶解浸出。乌龙茶由于冲泡时投茶量大，可以多冲泡几次。

　　按照茶叶的产期可分为春茶、夏茶和秋茶。一般，春茶可以冲泡5~6次，秋茶能冲泡4~5次，而夏茶可冲泡3~4次。茶叶越嫩越不耐冲泡。

误区二：茶越浓越好

　　古人云："过量饮茶人黄瘦，淡茶温饮保年岁"，这就是说茶汤宜淡不宜浓，过于浓酽会导致饮浓茶成瘾，甚至可能引发多种疾患。

　　茶叶中富含氟元素，但人体摄入氟的安全值是每日3~4.5毫克，摄氟量过多，久而久之就会引起氟中毒，导致氟斑牙和氟骨症。因此泡茶不可过浓，而且要少喝含氟量高的砖茶，老年人和肾功能不良的病人更是要少喝茶。过多饮用浓茶，还会影响肠胃对维生素B_1的吸收，从而可能出现疲劳、冷淡、厌食、恶心等胃肠道、神经系统症状，甚至可能患上多发性神经炎，或出现下肢麻木、瘙痒和溃疡。

误区三：空腹喝茶

　　空腹时不要饮茶，否则容易使肠道吸收过多的咖啡碱，而发生心慌、头晕、手脚无力、心神恍惚等，这就是医学上所说的"醉茶"。一旦出现醉茶的反应，可以含一块糖或喝些糖水，即可缓解。

误区四：不经常清洗茶具

　　茶具用久了，若不清洗会在茶具内壁生出一层茶垢，而茶垢中含有镉、铅、铁、砷、汞等多种金属物质，在饮茶时会随着水进入身体，与食物中的蛋白质、脂肪和维生素等营养素化合，生成难以溶解的物质，阻碍营养的吸收。同时，这些物质在体内会引起神经、消化、泌尿及造血系统病变和功能紊乱，危害健康。所以，茶具内壁的茶垢要经常清洗。

茶艺全书：知茶 泡茶 懂茶

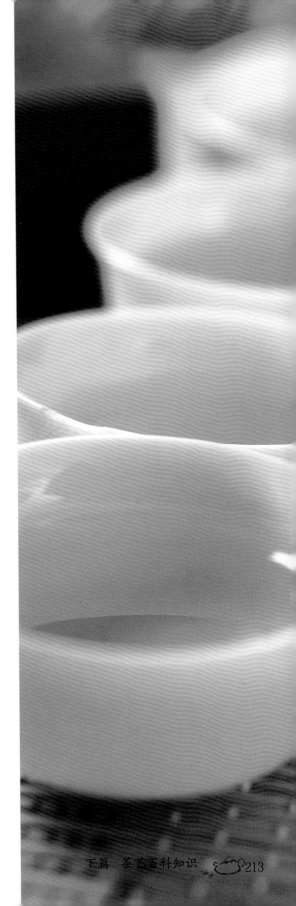

误区五：饭后一杯茶

饭后一碗茶，能够助消化。这一点就连初进贾府的林黛玉也不免入乡随俗。但常识往往包含着令人意想不到的错误。当吃了高蛋白、高脂肪的食物后，茶叶中含有的大量的单宁与蛋白质结合，生成具有收敛性的单宁蛋白质，使得肠胃蠕动减慢，延长粪便在肠道里的停留时间，不仅会造成便秘，而且还增加了有毒物质和致癌物质被人体吸收的可能性，对人的健康是极为不利的。可在进餐后过1个小时再饮茶。饭前也不宜饮茶，否则会冲淡胃酸。所以，喝茶最好避开就餐的时间。

误区六：浓茶解酒

很多人都在喝完酒后要喝杯茶，以达到润燥解酒、消积化食的功效，其实这样做对身体是有害的。酒后饮茶，茶碱产生利尿作用，而此时酒精还尚未分解就进入了肾脏，酒精对肾脏有较大的刺激，严重的会损害肾脏功能。酒精对心血管的刺激很大，而浓茶同样也会兴奋心脏，酒后饮茶，则会使心脏受到双重刺激，而加重心脏的负担。所以心脏功能较弱的人，更是不可酒后饮茶。

饮茶不宜时

贫血时

茶中单宁可使饮食中铁元素发生沉淀而不易吸收。铁是制造红细胞的重要原料，人体缺铁会使红细胞生成受阻，发生缺铁性贫血。

缺钙或骨折时

因为茶叶中的生物碱类物质会抑制十二指肠对钙的吸收。同时还能促使尿中钙的排出，使人体钙少进多出，导致缺钙和骨质疏松，使骨折难以康复。

患痛风病时

茶水中的单宁会加重患者的病情，因而不宜饮茶，更不宜饮泡得过久的茶。

患胃溃疡时

饭前饭后大量饮茶会冲淡胃液，影响消化。大量饮茶，胃酸分泌会大量增加，影响溃疡面的愈合，加重病情。溃疡病患者应少饮茶，尤其不能大量饮浓茶。患胃病、十二指肠溃疡的中老年人更不宜空腹饮茶，那样会刺激肠胃黏膜，从而导致病情加重。

患骨质疏松时

最新研究发现，嗜饮浓茶是造成骨质疏松的重要原因之一。经常饮浓茶会导致钙的缺乏，因一方面浓茶中咖啡碱会促进钙的排出；另一方面咖啡碱可抑制肠钙的吸收，以致钙的吸收不完全。

服用某些药物时

茶内单宁常会造成洋地黄、铁剂、中成药补品的有效成分发生沉淀，不易被吸收；服用胃蛋白酶或多酶片时饮茶，会使药物中的蛋白质凝固，疗效难达。

临睡时

这点对于初期饮茶者更为重要。很多人睡前饮茶后，入睡变得非常困难，甚至严重影响次日的精神状态。有神经衰弱或失眠症的人尤应注意。

女性经期时

经血会带走女性体内部分铁，所以此时宜多补充含铁量丰富的食品，如菠菜、樱桃、葡萄等。茶叶中含有高达30%~50%的单宁，此时饮茶，单宁会妨碍肠黏膜对铁的吸收利用，在肠道中易与食物中的铁或补血药中的铁结合，产生沉淀。

中国四大茶产区

我国有四大茶区，分别是：江北茶区、江南茶区、西南茶区、华南茶区。

江北茶区

南起长江，北至秦岭、淮河，西起大巴山，东至山东半岛，包括甘南、陕西、鄂北、豫南、皖北、苏北、鲁东南等地，是我国最北的茶区。江北茶区地形较复杂，茶区多为黄棕土，这类土壤常出现粘盘层；部分茶区为棕壤；不少茶区酸碱度略偏高。茶树大多为灌木型中叶种和小叶种。该地区适应生产绿茶。

江南茶区

在长江以南，大樟溪、雁石溪、梅江、连江以北，包括粤北、桂北、闽中北、湘、浙、赣、鄂南、皖南、苏南等地。江南茶区大多处于低丘低山地区，也有海拔1000米的高山，如浙江的天目山、福建的武夷山、江西的庐山、安徽的黄山等。江南茶区基本上为红壤，部分为黄壤。该茶区种植的茶树大多为灌木型中叶种和小叶种，以及少部分小乔木型中叶种和大叶种。该茶区是发展绿茶、乌龙茶、花茶等各类名茶的适宜区域。

西南茶区

在米仑山、大巴山以南，红水河、南盘江、盈江以北，神农架、巫山、方斗山、武陵山以西，大渡河以东的地区，包括黔、渝、川、滇中北和藏东南。西南茶区地形复杂，大部分地区为盆地、高原，土壤类型亦多。在滇中北多为赤红壤、山地红壤和棕壤；在川、黔及藏东南则以黄土为主。西南茶区栽培茶树的种类也多，有灌木型和小乔木型茶树，部分地区还有乔木型茶树。该区适制红茶、绿茶、普洱茶、花茶等。

华南茶区

位于大樟溪、雁石溪、梅江、连江、浔江、红水河、南盘江、无量山、保山、盈江以南，包括闽中南、台、粤中南、海南、桂南、滇南。华南茶区水热资源丰富，在有森林覆盖下的茶园，土壤肥沃，有机物质含量高。全区大多为赤红壤，部分为黄壤。该茶区有许多大叶种（乔木型和小乔木型）茶树，适宜制红茶、黑茶、乌龙茶等。

茶叶妙用多

茶叶枕

将用过的茶叶，摊在木板上晒干，日积月累积存下来，可以用作枕头的芯。茶叶枕可以清神醒脑，增进思维能力。

超强去污

用茶渣擦洗镜子、玻璃、门窗、家具、胶纸板及皮鞋上的泥污，去污效果好。

保鲜

将鲜鸡蛋埋入干净的干茶渣中，放阴凉干燥处，鸡蛋可保存2~3个月不会变质。

除腥

菜锅有腥味，可先用泡过的茶叶擦洗，再用清水冲净，即可除腥。把茶叶用纱布包好放入冰箱，可除异味。

驱蚊虫

冲泡过的茶叶晒干，用火点燃，可以驱蚊虫，不仅对人体无害，而且会有清香扑鼻。

治脚气

茶叶里含有的单宁，具有很强的杀菌作用，尤其对致脚气的丝状菌特别有效。每晚将茶叶煮成浓汁来洗脚，日久脚气便会不治而愈。

杀菌消炎

出门在外，如果不慎摔倒擦破皮或碰撞引起红肿，一时找不到消炎药水时，不妨利用凉茶汤清洗患部，并嚼些茶叶敷在伤处。如此处理，不但可防止细菌感染，还可消炎止痛。

调料包

煮牛肉时除了放入各种调味品，还可以再加一小布袋普通茶叶，同牛肉一起烧，牛肉熟得快，味道清香。

去异味

新买回来的家具，不但有一股刺鼻的油漆味，也常会散发出令人睁不开眼睛的木材辣味。对于这些刚买回

来的新家具，不妨先用茶水由内到外彻底擦洗一遍，同时用碗装些茶叶放在里面几天，如此即可轻易将家具的油漆味及木材辣味消除掉，效果极佳。

除垢剂

取少量茶叶放在暖水瓶中，再灌进滚开的水，盖好盖，20分钟后倒掉。壶里的水垢在茶碱的作用下也逐渐脱落，连泡几次，即可除净。家中的马桶也可以用废茶叶茶汤清洗，马上就能光洁如新。

花草肥料

冲泡过的茶叶仍有无机盐、碳水化合物等营养成分，堆掩在花圃里或花盆里，有助于花草的发育与繁殖，一般喜爱盆栽的朋友都知道茶叶的这项用途。

洗洁剂

一般不宜使用化学清洁剂的衣物，不妨用泡过的茶叶煮水来清洗，如此可保持该衣物原来的色泽，永远光亮如新。此外，榻榻米草席若经常用茶水来擦拭，可以有效去除汗臭味、灰尘。一些锅碗长时间使用以后上面看起来油蒙蒙的，木制、竹制的家具时间长了，会显得老旧。这时候，用残茶叶擦洗后再用干布擦干，这些物品就会变得光洁如新。

口腔清新剂

茶有强烈的收敛作用，时常将茶叶含在嘴里，可消除口臭。常用浓茶漱口，也有同样功效。如果不擅饮茶，可将茶叶泡过之后再含在嘴里，可减少苦涩的滋味，也有一定的效果。

一壶茗香遍天下

中华茶文化在不断丰富发展的过程中，也不断地向其他国家传播，不断地影响着这些国家的茶文化。到现在，中国茶和中国茶文化已经延伸到世界的每一个角落。

茶入朝鲜半岛

朝鲜半岛在4世纪至7世纪中叶，是高丽、百济和新罗三国鼎立时代。新罗的使节大廉，在唐文宗太和后期，将茶籽带回国内，种于智异山下的华岩寺周围，朝鲜的种茶历史由此开始。至宋代时，新罗人也学习宋代的烹茶技艺。新罗在参考吸取中国茶文化的同时，还建立了自己的一套茶礼。

茶入日本

中国的茶与茶文化，对日本的影响最为深刻，尤其是与日本茶道的发生发展有着十分紧密的渊源关系。传播中国茶文化的一个重要人物是日僧最澄。他从浙江天台山带回茶种，植于日吉神社旁。最澄在将茶种引入日本的同时，也将茶饮引入了宫廷，得到了天皇的重视。经过几个世纪的发展与交流，日本的茶道已经成为其标志性的民族文化，茶艺和茶道在日本受重视的程度甚于中国。

全球范围的传播

17世纪，茶叶先后传到荷兰、英国、法国，以后又相继传到德国、瑞典、丹麦、西班牙等国。18世纪，饮茶之风已经风靡整个欧洲。欧洲殖民者又将饮茶习俗传入美洲的美国、加拿大以及大洋州的澳大利亚等地。到19世纪，中国茶叶的传播几乎遍及全球。

茶艺全书：知茶 泡茶 懂茶

附录 / 中国名茶录

绿茶

西湖龙井茶	舒城兰花	古劳茶	文君嫩绿茶	贵定云雾茶
惠明茶	眉茶	州碧云茶	前峰雪莲茶	天池茗毫茶
午子仙毫茶	安吉白片茶	小布岩茶	狮口银芽茶	通天岩茶
举岩茶	南京雨花茶	华顶云雾茶	雁荡毛峰茶	南岳云雾茶
狗牯脑茶	敬亭绿雪茶	南山白毛芽茶	九龙茶	大关翠华茶
黄山毛峰茶	天尊贡芽茶	天柱剑毫茶	峨眉毛峰茶	湄江翠片茶
平水珠茶	碣滩茶	黄竹白毫茶	南山寿眉茶	翠螺茶
信阳毛尖茶	双龙银针茶	麻姑茶	湘波绿茶	窝坑茶
宝洪茶	太平猴魁茶	车云山毛尖茶	晒青茶	余姚瀑布茶
上饶白眉茶	婺源茗眉	桂林毛尖茶	龟山岩绿茶	苍山雪绿茶
洞庭碧螺春茶	峡州碧峰茶	岳阳毛尖茶	瑞草魁茶	象棋云雾茶
径山茶	秦巴雾毫茶	建德苞茶	河西圆茶	花果山云雾茶
峨眉竹叶青茶	开化龙须茶	瑞州黄檗茶	普陀佛茶	水仙茸勾茶
南安石亭绿茶	庐山云雾茶	双桥毛尖茶	雪峰毛尖茶	遂昌银猴茶
仰天雪绿茶	安化松针茶	覃塘毛尖茶	青城雪芽茶	墨江云针茶
蒙顶甘露茶	日铸雪芽茶	东湖银毫茶	宝顶绿茶	凌云白毫茶
涌溪火青茶	紫阳毛尖茶	江华毛尖茶	隆中茶	蒸青煎茶
仙人掌茶	江山绿牡丹茶	龙舞茶	松阳银猴茶	云林茶
天山绿茶	六安瓜片茶	龟山岩绿茶	龙岩斜背茶	磐安云峰茶
永川秀芽茶	高桥银峰茶	无锡毫茶	梅龙茶	绿春玛玉茶
顾渚紫笋茶	云峰与蟠毫茶	桂东玲珑茶	兰溪毛峰茶	东白春芽茶
休宁松萝茶	汉水银梭茶	天目青顶茶	官庄毛尖茶	太白顶芽茶
恩施玉露茶	云南白毫茶	新江羽绒茶	云海白毫茶	千岛玉叶茶
都匀毛尖茶	遵义毛峰茶	金水翠峰茶	莲心茶	清溪玉芽茶
鸠坑毛尖茶	九华毛峰茶	金坛雀舌茶	金山翠芽茶	攒林茶
桂平西山茶	五盖山米茶	古丈毛尖茶	峨蕊茶	仙居碧绿茶
老竹大方茶	井岗翠绿茶	双井绿茶	牛抵茶	七境堂绿茶
泉岗辉白茶	韶峰茶	周打铁茶	化佛茶	

红茶

湖红工夫茶
越红工夫茶
闽红工夫茶
川红工夫茶
祁门工夫茶
滇红工夫茶
坦洋工夫茶
宜红工夫茶
政和工夫茶
宁红工夫茶
白琳工夫茶
九曲红梅

黄茶

君山银针茶
蒙顶黄芽茶
北港毛尖茶
鹿苑毛尖茶
霍山黄芽茶
沩江白毛尖茶
温州黄汤茶
皖西黄大茶
广东大叶青茶
海马宫茶

黑茶

湖南黑茶
老青茶
四川边茶
普洱茶
沱茶
竹筒香茶
普洱方茶
米砖茶
黑砖茶
花砖茶
茯砖茶
湘尖茶
青砖茶
康砖茶
金尖茶
方包茶
六堡茶
七子饼茶
饼茶
紧茶
固形茶

白茶

白毫银针茶
白牡丹茶
贡眉茶
寿眉茶
新工艺白茶

乌龙茶

武夷肉桂茶
武夷岩茶
铁观音茶
八角亭龙须茶
黄金桂茶
永春佛手茶
凤凰水仙茶
大红袍茶
铁罗汉茶
白鸡冠茶
水金龟茶
闽北水仙茶
白毛猴茶
冻顶乌龙茶
文山包种茶
东方美人茶

花茶

茉莉花茶
珠兰花茶
桂花茶
金银花茶
白兰花茶
玫瑰花茶
玳玳花茶

图书在版编目（CIP）数据

茶艺全书：知茶 泡茶 懂茶 / 张雪楠编著 . —— 北
京：中国纺织出版社有限公司，2021.11

ISBN 978-7-5180-8385-5

Ⅰ.①茶… Ⅱ.①张… Ⅲ.①茶艺 Ⅳ.
① TS971.21

中国版本图书馆 CIP 数据核字（2021）第 038661 号

责任编辑：郑丹妮 国 帅　　　责任校对：王蕙莹
责任印制：王艳丽

中国纺织出版社有限公司出版发行

地址：北京市朝阳区百子湾东里 A407 号楼　邮政编码：100124

销售电话：010—67004422　传真：010—87155801

http://www.c-textilep.com

中国纺织出版社天猫旗舰店

官方微博 http://weibo.com/2119887771

北京华联印刷有限公司印刷　各地新华书店经销

2021 年 11 月第 1 版第 1 次印刷

开本：710×1000　1/16　印张：14

字数：178 千字　定价：68.00 元

凡购本书，如有缺页、倒页、脱页，由本社图书营销中心调换